NOTES DE VOYAGE

AUX INDES, EN CHINE

ET AU JAPON

PAR

UN OFFICIER EN CONGÉ

PARIS

TYPOGRAPHIE GEORGES CHAMEROT

19, RUE DES SAINTS-PÈRES, 19

—

1887

NOTES DE VOYAGE

AUX INDES, EN CHINE

ET AU JAPON

Gravé par Mlle Perrin.

NOTES DE VOYAGE

AUX INDES, EN CHINE

ET AU JAPON

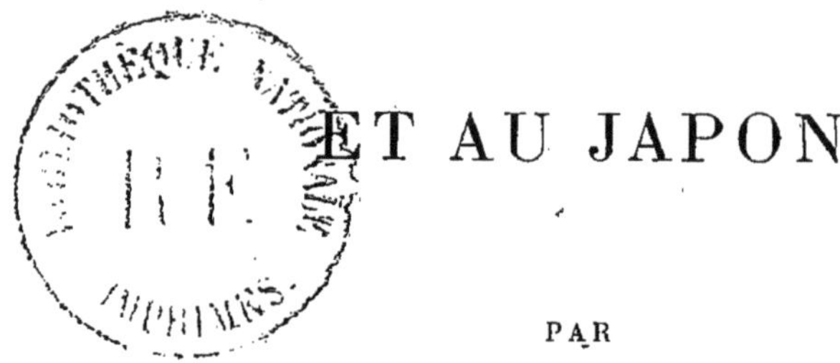

PAR

UN OFFICIER EN CONGÉ

PARIS

TYPOGRAPHIE GEORGES CHAMEROT

19, RUE DES SAINTS-PÈRES, 19

—

1887

AVERTISSEMENT

Le récit de ce voyage, où l'exploration n'eut jamais rien à faire, ne contient rien de nouveau, surtout pour qui se tient tant soit peu au courant des publications ou même d'un seul journal anglais.

Il enregistre au jour le jour les distractions qui attendent un touriste muni de quelques lettres, et qui aurait la bonne idée de suivre à peu près l'itinéraire de l'Auteur. Il est certain, par exemple, que Bombay, malgré son très réel cachet, et qui reste pour l'auteur une *ville-type*, l'eût moins frappé si, au lieu de commencer par cette ville son excursion aux Indes, il l'eût au contraire visitée après d'autres villes indoues.

NOTES DE VOYAGE

AUX INDES, EN CHINE ET AU JAPON

CHAPITRE PREMIER

DE PARIS A BOMBAY

1881. Décembre 22. — Départ de Paris à 7 h. du soir.

23. — Arrivée à Cannes à 2 h. 30 min., dîné chez le duc de Wallembrose, de qui je tiens une lettre d'introduction auprès de lord Rippon, vice-roi des Indes.

24. — Départ de Cannes à 3 h. pour Gênes.

Manqué marquis de Breteuil, de qui je tiens une autre lettre, pour le vice-roi, datée de Sandrigham, à Menton.

On m'a confisqué à Vintimille une caisse contenant des fusils, et une autre contenant une selle. On ne veut à aucun prix me laisser voyager avec ces deux colis par le même train. Pourquoi ? Seulement, sur mes instances, on veut bien m'en donner un reçu. Savouré ainsi le plaisir, purement patriotique, de constater que la douane française n'est pas encore la plus désagréable de toutes. Suis très inquiet, jamais ces deux colis ne me rejoindront à temps, et je ne veux pas m'embarquer sans eux.

Arrivé à Gênes avec deux heures de retard.

Suis tout à fait rassuré : toutes les correspondances sont parties et je suis bien sûr maintenant de manquer le bateau moi-même avec mes deux caisses. Promenades nocturnes dans la gare, entrecoupées de mauvais sommes en attendant le train de 5 h. du matin, pour Naples, où je me décide à aller attendre le départ de la semaine prochaine. Gare refaite à neuf, froide comme un vieux palais. En face de la gare, un monument, souvenir de l'Exposition de 1878, et qui représente Christophe Colomb ; à ses pieds, l'Amérique accroupie, et complètement découverte, tient une petite croix. Somme toute, beau monument.

Au dernier moment je découvre que je ne gagnerai rien à partir à 5 h. J'ai 9 heures devant moi, pendant lesquelles j'ai la sottise de ne pas aller voir le cimetière et ses célèbres monuments.

La grande galerie dans le genre de celle de Milan et les tramways sont tout ce que je trouve de neuf. Le reste est très vieux, sans parler des palais qui, eux, sont toujours beaux.

25. — Départ de Gênes à 2 h.

La corniche continue, rocheuse et abrupte. Trop de tunnels. Une seule petite plage près de Chiavari.

26. — Continuation lente du voyage.

Ai dû, pour ne pas perdre trop de temps, passer par

Florence, ce qui ne laisse pas cependant que d'allonger la route.

Quitté Rome à l'aurore. Campagne romaine toujours aussi triste.

Arrivée à Naples à midi. Ouf! Tub mémorable : la première chose que je puisse prendre enfin tranquillement en Italie. Les trains n'en finissent pas de démarrer des stations, malgré les « partenza » réitérés des employés (ce qui veut dire, comme chacun sait, en italien : Ne vous pressez pas; vous avez le temps); on ne peut cependant déjeuner nulle part.

Flânerie.

27. — Revu le musée de Naples.

Vu le soir les *Huguenots* à San-Carlo. Troupe très ordinaire. Mauvais jeu des chanteurs. Exécution peu consciencieuse.

28. — Tentative inutile pour avoir des nouvelles de mes deux caisses confisquées.

Rencontre à l'hôtel de Pracontal; allons voir ensemble un opéra atroce : *Nouma;* un ténor toujours en scène n'arrête de chanter, ou plutôt de hurler, pendant cinq actes, que pendant les entr'actes; nous ne soufflons nous-mêmes qu'à la fin.

29. —Été avec Pracontal à la Fenice voir *Dona Juanita*, une opérette de Vienne (genre viennois extra-burlesque). Les acteurs sont de vraies marionnettes vivantes. On y danse même, je crois, un peu plus qu'on n'y chante.

Étais allé dans la journée à la Chiaia; rencontré le roi qui revenait de chasser aux environs et se promenait en voiture.

Absence absolue de gens d'apparence comme il faut.

Quelques officiers, d'aspect peu viril, balancent en se promenant de gros derrières très découverts, et portent des cheveux fort longs ; ils sont toutefois tenus très proprement, même avec recherche.

Mauvaise mine des chevaux.

Population toujours aussi sale, plus sale même depuis qu'elle est un peu plus vêtue : les refuges augmentent, la vermine fait de même, depuis que Napolitains et Napolitaines portent des bas. Aussi cette population célèbre par son *farniente* est un peu plus que précédemment occupée à la chasse.

Plus de madone ni de saint-janvier en cuivre après les fiacres et les harnais ; c'est dommage. Les cochers, toujours aussi indiscrets, préféreraient écraser un voyageur plutôt que de le laisser échapper.

30. — Ascension à je ne sais quel couvent, avec Pracontal. Jolie vue sur le golfe.

Revu les *Huguenots* à San-Carlo.

Reçu nouvelles rassurantes de mes deux caisses, par dépêche du consul français à Brindisi.

31. — Départ 3 h. du matin pour Brindisi. Encore un bon train !... Douze heures d'un pays montagneux, aride, désert, si ce n'est pendant les trois ou quatre dernières heures, pendant lesquelles on longe l'Adriatique.

Passé la journée à Brindisi : hôtel des Indes-Orientales.

1882. Janvier 1er. — Retrouvé colis ; embarqué après dîner à bord du *Bengalore*.

2. — Départ à 4 h. du matin.

Longeons les côtes d'Italie, plates et arides, jusqu'à

1 h. puis l'Épire et les îles Ioniennes : Corfou, Céphalonie, Zante.

3. — Longeons côtes de Grèce. Même nature des côtes; villages sur les hauteurs de Candie.

Le *Bengalore*, mon premier bateau anglais. Comme vin d'ordinaire, une bonne carafe d'eau douce. J'ignore si on en donne à discrétion. On signe des bons pour toute autre chose à boire que l'eau et le thé du matin, comme à la caisse du baccarat pour avoir de l'argent. Il paraît qu'ici on gagne à ce système qui, du reste, fait le tour du monde tant à terre qu'à bord.

5. — Arrivée à Alexandrie, 7 h. du matin. Nouvelle douane : on laisse passer mes fusils, mais on confisque 50 cartouches métalliques d'express que je fais réclamer dans la journée par le consul.

Alexandrie : horrible mélange humain, incolore malgré le soleil, mais sale et puant.

Rien à voir si ce n'est la place des Consulats et quelques offices.

A 2 h. 30 min., départ pour le Caire, avec tout mon énorme bagage, 25 francs pour ma place; 55 pour les 280 kilos que j'ai eu la sottise d'emporter.

Le Delta, chaussée entre deux lacs.

La vallée du Nil, où le printemps semble s'être retiré : il semble faire une pause ici avant de s'en aller en Europe, ou plutôt être ici chez lui. Tous les arbres sont verts et les luzernes en coupe. Illusion complète.

Trouvé Gaillardeau à la gare du Caire le soir.

Logé hôtel du Nil.

6. — Déjeuné au restaurant avec Gaillardeau, d'Assier du consulat et Dr Fouquet.

Promenade à Choubrah dans la journée en voiture, puis dans le Nouveau-Caire. Bourriquets remplacent les fiacres. Pas cher : 50 cent. une course. C'est un singulier mode d'équitation : le gamin qui marche par derrière est chargé de la conduite, et c'est tout à fait en vain que le cavalier tenterait de se servir utilement de ses jambes ou des rênes; le bâton du gamin a seul de l'effet; ce dernier pourrait même se servir d'un morceau de canne à sucre et le partager ensuite avec l'animal. Une seule courroie à glissement traverse le bât et soutient les étriers: très commode pour le gamin chargé de les ajuster, mais très traître pour le cavalier qui voudrait mettre le pied à l'étrier pour monter. Les bourricots mangent du vert dans les rues en attendant les amateurs.

Vu au théâtre Salvini dans *Hamlet.* Loges grillées pour les harems. Au moment le plus pathétique, tous les harems éclatent de rire et troublent la représentation. Le khédive part au milieu, toujours suivi de sa garde à cheval, qui avait mis pied à terre dans la cour du théâtre.

Premier engagement avec les moustiques; premières blessures.

7. — Visité dans la matinée, et avec Gaillardeau, le musée de Boulac, puis la maison de M. de Saint-Maurice : arrangement arabe très riche, authentique et d'un goût exquis, — le plus joli intérieur arabe qui ait sans doute jamais existé.

Après-midi, visite au bazar avec le drogman du consulat. Belles choses, beaux tapis. Remarqué deux coupes en vieille faïence persane fond bleu gris, caractères en or, 2.500 francs.

Vieux-Caire, citadelle.

Mosquée de la citadelle très belle, très vaste avec ses deux minarets de 50 mètres de haut sur 4 mètres carrés. Elle fut construite par un Français venu en Égypte avec Bonaparte et resté au service de Mohammed.

A l'intérieur, curieux revêtement en pierre ambrée du pays, sorte d'onyx. Enluminures italiennes très bien conservées.

Situation imposante de la mosquée qui domine la citadelle au milieu de laquelle elle se trouve. Belle vue sur le Caire, les Pyramides, la vallée du Nil. Au pied de la montagne qui supporte les vieux murs en ruine de la citadelle, et attenante au Vieux-Caire, la vieille mosquée toute sombre, puis le Caire.

Près de la grande mosquée, le saut du Mamelouck à plus de dix mètres en contre-bas. L'histoire rapporte que le cheval s'est mal reçu. Le mamelouck s'est sauvé, dit-on. Puits de Joseph... etc.

L'intérieur de la grande mosquée est peut-être plus imposant qu'un intérieur d'église ; l'un est à l'autre ce qu'une belle salle est à une belle galerie, à cause de la forme en croix affectée par le temple chrétien. L'autel du fond, dans nos cathédrales, est d'un effet saisissant, mais pas aussi grandiose, à mon sens, que celui d'un temple musulman de la classe de celui-ci. Il me semble que Michel-Ange, construisant Saint-Pierre de Rome, a été inspiré dans ce sens, et qu'il s'est efforcé de réagir autant que possible contre les conditions imposées aux architectes chrétiens, et de donner plus d'ampleur et de jour à sa belle conception de Saint-Pierre. J'aime ces beaux tapis sur lesquels les croyants marchent pieds nus et se prosternent dans la mosquée. Ils prient au milieu d'un silence religieux, loin du bruit des chaises et des importunités des quêtes et des loueuses, etc... La prière ne doit-elle pas régner en souveraine et en silence dans le temple? La lumière du jour entre librement par de larges fenêtres, et c'est par la pensée que les fidèles s'isolent ici ; ce qui est d'aussi bon aloi, il me semble, que l'effet très habile mais théâtral des sombres et tristes cathédrales ou des vieilles mosquées. Le soleil d'Orient n'a du reste pas besoin de vitraux ; aux Indes, les mosquées sont à ciel ouvert.

Rentré par la rue des palais royaux, toujours dans le genre italien ; même manque absolu d'entretien, véritable tombeau des listes civiles des derniers khédives. Du reste, les fellahs sont-ils susceptibles d'entretenir quoi que ce soit? Il n'y paraît pas.

Les soldats ne sont pas mieux tenus que les palais. Les fellahs, paresseux, gras, beaucoup plus riches que les bédouins, mais constamment battus par ces derniers, ne laissent pas que de mépriser ces barbares pauvres et misérables, ce qui n'est peut-être pas très charitable, mais reste très humain. Jamais on ne rencontre chez eux cet air fier et martial auquel nous ont accoutumés les Arabes d'Algérie.

Une certaine tendance s'accuse vers la civilisation : j'ai vu dans la ville arabe des joueurs de dominos et d'écarté. Cela ne se verrait pas à Alger ou à Constantine. Et puis, n'y a-t-il pas des chauffeurs et des mécaniciens arabes sur les railways, voire même des chefs de gare. Mais là s'arrête, je pense, leur puissance d'assimilation. Sur mer, où la route n'est pas tracée, un bateau, dont l'équipage était entièrement composé de natifs, essaya par trois fois, mais en vain, de découvrir l'île de Chypre.

Visité vieille mosquée du sultan Hassan, de style sévère, celle-là. Murs très élevés. Style arabe pur, intérieur sombre, l'entrée est celle d'une prison : à l'intérieur le sang des mamelucks est encore marqué sur les dalles, ce qui fait beaucoup plus penser aux hommes qu'à Dieu.

Mais, dans quel délabrement se trouve la mosquée! Elle tombe, non en ruines, mais en poussière, comme toute la ville arabe du reste. On se demande où s'arrêteraient ici les conséquences d'un seul jour de pluie.

Théâtre le soir. Les *Noces de Jeannette* (troupe française) et ballet italien en 2 actes (troupe italienne). Les harems comprennent mieux, je pense, et s'amusent plus que l'autre jour; ils sont beaucoup plus tranquilles.

8. — Visité dans la plaine les tombeaux des kalifes de la race des mamelucks; ils tombent en ruines naturellement. La pierre, limée par le sable du désert, tombe elle-même en sable. Vrai désert où je laisse d'abord une roue, puis, tout de suite après, ma voiture. Retour à pied sans voir arbre de la Vierge ni obélisque.

Promenade à Choubrah. Rencontré le khédive et sa garde d'honneur.

Soirée passée au café égyptien, où joue un orchestre de jeunes filles (troupe hongroise).

En revenant du musée de Boulac, je vois une femme très occupée à enjamber et à réenjamber indéfiniment une petite statuette de la Vierge portant l'enfant Jésus, afin de devenir féconde; ce qui constituait un singulier pas, étant donné surtout le sérieux tout oriental de cette femme. La superstition n'a-t-elle pas droit de cité dans tout l'Orient, et des religions entières ne se constituent-elles plus guère aujourd'hui d'autre chose, le boudhisme chinois par exemple?

Entretien dans la journée avec M. Sinckevitz. Son appréciation sur l'armée égyptienne pleinement justifiée par la suite des événements. Je fus bien surpris quelques mois plus tard que le gouvernement français, qui dut consulter son ministre au Caire, n'eût pas, au moment des affaires d'Égypte, répondu à l'invitation de l'Angleterre, et envoyé quelques troupes d'Algérie en Égypte pour nous y conserver notre situation politique menacée.

9. — Été en voiture aux Pyramides. Du froid, de la bise, de la brume. Tout a été dit sur ces immenses tas de pierres, sur le Sphinx et les monumentales assises, restes de constructions colossales actuellement ensablées presque entièrement, et dans lesquelles il serait si facile de glisser et de se casser les reins; tout aussi a été dit sur l'adresse des Arabes à exploiter les mauvais pas de l'intérieur et de l'extérieur des Pyramides et l'appréhension des touristes (encore quelques piastres à chaque pas difficile).

Vu le temps, je ne visite que l'intérieur où, avec quelques fils d'archal, on voit des nuées de chauves-souris, et c'est tout.

Retour dans la ville arabe qui me paraît de plus en plus délabrée. Les trottoirs, dans la ville européenne, transformés en dortoirs en plein air, sont encombrés, la nuit, de lits où couchent, en travers de leurs portes, les gardiens des magasins.

Le lendemain je trouve Gaillardeau au consulat, justement en train de copier l'élucubration Gladstone-Gambetta, qui devait donner un si beau résultat et recevoir, au conseil des ministres égyptiens, l'accueil que l'on sait (déchirée et les morceaux jetés au vent).

Les Chambres sont ici, paraît-il, ou tout droite ou tout gauche. En ce moment, elles sont tout gauche. On ne parle que d'Arabi qui est déjà depuis longtemps poussé par d'autres et condamné à marcher. On plaint ce malheureux. Tout le monde s'accorde à dire que, sans la manifestation de son régiment, prudemment commandée du reste par lui à l'avance, il ne serait pas sorti vivant du palais où le khédive l'avait fait mander. On le mènera plus loin, je crois, qu'il n'a envie d'aller.

11. — Quitté le Caire à 11 h. 30 min.

Déjeuné à Zagazig. Après quoi, rien que du sable avec dépôts de sel dans les fonds. Beau coucher du soleil : nuages de sable cuivrés, rouges et jaunes. Cette pluie de sable semble par moments une pluie d'or ou de diamants, grâce aux rayons un peu diffus : mais si puissants du soleil ; puis, bel effet de nuages bleus dans le ciel transparent.

Arrivée à Suez 7 h. du soir.

12. — Un seul hôtel à Suez tenu par un Anglais. Le personnel, natif bien entendu ; cuisinier arabe donc. Le *Poonah*, qui a eu des avaries en baie de Biscaye, et du retard, n'est pas encore dans le canal.

Visité la sortie du canal avec un vieil Anglais. Le canal, marqué par des bouées, coule au milieu de 2 ou 3 pieds d'eau ; il est bien indiqué en outre par la couleur sombre de ses eaux profondes.

13. — Suez : un amas de méchantes petites ruines poussiéreuses ; pas même une couche de chaux sur les maisons habitées. Le délabrement est encore augmenté cette année par les deux heures de pluie de l'année dernière.

Cérémonie matrimoniale le soir. Conduite aux mariés avec paquets de bougies allumées.

14. — Arrivée du *Poonah* à 1 h. Il a laissé beaupré et focs dans la baie de Biscaye. Il ne pourra rattraper le temps perdu et paiera l'amende.

Bel effet de la mer; sa couleur changeante d'un vert clair laiteux à un joli rose tendre, grâce au soleil couchant; des barques peintes en rouge, passent et repassent, égayant encore ce joli spectacle.

Placé à table entre général Light et Purvis, jeune lieutenant anglais retour de Dinard, qui revient rejoindre son régiment à Aden.

15. — Massif déchiqueté et abrupt du Sinaï.

Revue du dimanche, branle-bas d'incendie et lecture spirituelle par le capitaine.

16. — Premiers poissons volants.

18. — Ilots arides et dangereux; sur l'un d'eux on voit trois steamers échoués.

Causerie avec général Light. Le maître de cirque français tué bravement en tête de son cirque, à la charge, pendant la mutinée aux Indes; habile manœuvre du clown qui charge suspendu sous le ventre de son cheval. Pension de 7,000 francs à la veuve du patron par le gouvernement anglais.

19. — Passé à 9 h. du matin détroit de Bab-el-Mandeb. Périm, admirablement placé, commande absolument le très étroit passage praticable aux grands vaisseaux. Côte E., terrible garnison : pas une goutte d'eau, pas une plante. En face, établissement français abandonné, me dit-on.

Trois Anglais me racontent successivement l'histoire, si souvent citée en Angleterre, de la prise de Périm; histoire très gaie pour eux si on pense à la figure qu'ils prêtent à l'amiral français trouvant le pavillon anglais flottant à Périm alors qu'il venait en prendre possession. Il avait dîné la veille, paraît-il, chez le gouverneur d'Aden, et le sherry aidant, il avait eu la langue un peu longue à la fin du repas et aurait dévoilé ses projets. La nuit même, le gouverneur anglais avait fait lever l'ancre au bateau anglais qui nous a devancés à Périm.

Présenté à Curling, jeune lieutenant anglais qui rejoint à Meerut, et à Mme Curling.

Arrivée à Aden 7 h. 15 min. du soir.

Hôtel, café-concert avec orchestre de Hongroises comme au Caire. — Premiers Parsees à l'hôtel.

Adieux à Purvis.

Départ du *Poonah* à minuit.

Apprenons la mort de lady Fergusson, femme du gouverneur de Bombay, morte du choléra. Sa sœur, qui allait la voir, est à bord. Son désespoir.

20. — Côtes arides d'Arabie. Vent debout. Odeur de la machine, et celle du repas des natifs toute la journée.

21. — M. Kite, Australien, emporte un couple de tous les animaux : lévriers, poules, canards, etc., de grand prix. L'avant du *Poonah* est converti en une petite arche de Noé.

Toute la malle est à bord. Travail formidable des employés de la poste qui s'embarquent seulement à Aden à cause de la quarantaine en Égypte.

22. — Le pont est resplendissant, repeint d'hier ; appel de l'équipage sur le quater Deck, et branle-bas d'incendie ; service divin chanté par les dames ; fureur du Français à qui on interdit de jouer aux cartes. Je suis son confident bien involontaire, car son infortune m'intéresse peu.

Ballots flottants avec bénitos autour.

Le soir, phénomène connu en ces parages sous le nom de mer de lait : phosphorescence générale de la masse d'eau avec paillettes brillantes en suspension. A l'avant, la mer se confond absolument avec le soleil éclairé par la lune et également pailleté d'étoiles. L'œil ne sait plus dans quelle sorte de fluide se perdent ses regards étonnés. A l'arrière, le ciel, par contraste, se détache en noir sur la mer ; il semble qu'on vient de le quitter pour entrer dans la lune. On se croirait bien loin de la terre, et même de la mer. Le bateau est comme un gros oiseau noir qui nous transporte dans un milieu inconnu.

23 et **24**. — Gobang avec M. Curling. Causerie avec général Light. Pensions de Charles II menacées en Angleterre ; grande révolution mondaine, sociale même, imminente.

25. — D R 259 milles.

CHAPITRE II

L'INDE

§ 1. — BOMBAY

26 janvier. — Arrivée à Bombay à 1 h. 30 min.

La vieille dame apprend en débarquant que sa nièce est morte du choléra peu de temps après sa mère ; elle ne verra plus que son beau-frère.

En rade, trois transports anglais, dont un arrivant du Cap : le *Serapis*, le *Crocodile* et le troisième débarquent des troupes.

A peine débarqué, on est frappé de la façon dont les Anglais se sont largement installés : de l'air, de grandes places, de vrais monuments pour le moindre office. On conçoit que chacun puisse ici trouver sa place et son confort.

Chevaux de tramways ont casque en moelle.

26. — L'esplanade, grande place sur laquelle donne Victoria-Hotel où je loge, est couverte de lawn-tennis.

Dîné avec général au Byculla-Club, invités tous deux

par M. Sheperd, un passager du *Poonah*. Nous nous y rendons de nuit à 7 h. du soir et traversons la ville native où nous ne trouvons que des rues larges et des maisons aux aspects très variés, toutes à plusieurs étages et alignées le long des rues larges et bien tracées. Plusieurs curieux détails d'architecture m'échappent cependant à cette heure. Dans ces larges artères, le long des bazars placés aux pieds de ces singulières habitations orientales, grouille tout un monde de diables noirs presque tout nus, avec ou sans turban. Les femmes bizarrement, quoique assez coquettement et crânement drapées, passent comme des ombres.

Nous traversons justement le bazar des cuivres, chaudrons, casseroles, vases, etc. : une suite non interrompue de réflecteurs rouges ou jaunes éclairent cette scène d'une lumière sinistre. L'aspect de cet Orient condensé, bourdonnant, agité, si neuf pour qui a vu l'Orient si calme partout ailleurs, a quelque chose de quasi fantastique et de surprenant.

Arrivons enfin. Splendide Byculla-Club au milieu de jolis jardins ; — ses immenses dimensions ; — son intelligente disposition. Des courants d'air traversent le club en tous sens, de sorte que pas un souffle d'air n'est perdu pour les membres à l'intérieur ; de vastes vérandas sont couvertes de petites tables luxueusement servies. Dîner remarquable avec pamphrets (poissons renommés du pays) et le meilleur claret que j'aie bu aux Indes. Pendant que les pankas nous éventent du plafond, un coolie, avec un vaste éventail à pied dans la main, balance son instrument et nous envoie de l'air par côté, tout le temps du dîner.

Cette ingénieuse combinaison du club s'applique également ici aux autres clubs et aux différents offices, soit du gouvernement, soit privés. Importantes dépendances où les membres trouvent de très confortables logements. Champ de courses devant le club ; les tribunes font partie de ce monument.

27. — Couché au Victoria-Hotel sans couverture et la fenêtre ouverte ; — réveillé par musique des villes indoues, le cri des corneilles.

Revu ville native au grand jour. Façade des maisons étroite généralement, et néanmoins animée d'une foule de détails minuscules et variés. Balcons de bois travaillé, supportant verandas vitrées ou non, occupant parfois toute la largeur de la maison. Colonnettes de bois ouvragé, curieux travail qui pourrait facilement et à bon compte être transporté en Europe. Il semble que la rue entière ait été prise dans un étau et ait subi un écrasement général, habitants compris.

De loin, quelques maisons semblent tout en verre ; d'autres tout en briques, d'autres en bois. Quelques boutiques du bazar sont remarquables par leur devanture de bois sculpté et leurs piliers. Deux grands bassins au milieu de l'esplanade où hommes et femmes plus ou moins noirs et nus viennent se laver et se frotter avec fureur. Il règne là un tel mouvement qu'on dirait par moment un sabbat venant vous surprendre en plein soleil. La ville native a été tracée par les Anglais et bâtie par des natifs : c'est ce qui lui donne son caractère étrange.

La race de ce pays est celle qui m'a la première et peut-être le plus frappé dans toute l'Inde. Les hommes maigres et chétifs, quoique assez grands, sont ce qu'ils sont dans toute l'Inde : la tête couverte de turbans extrêmement variés et souvent très travaillés, véritables merveilles de soin, de patience et de finesse. Les jambes des Indous aisés sont couvertes du pantalon étroit tire-bouchonné et ils portent la grande, éternelle et laide capote indoue qui place la taille directement sous les bras.

Mais comment, en débarquant, ne rien dire des femmes de ce pays ? Leur petit costume dégagé à l'excès leur laisse les jambes libres et nues jusqu'à mi-cuisse ; le bassin est étroitement serré dans un pagne qui, passant ensuite en écharpe le long du corps à moitié nu, va se terminer sur la tête, à la chevelure plaquée et au petit chignon anglais, laquelle supporte très souvent un fardeau très lourd et volumineux ; le cou et les reins nus sont alors tendus sous le poids comme un ressort d'acier. Ces femmes tiennent leurs grands yeux toujours baissés, surtout pour les étrangers qui semblent ne pas exister pour elles. Les épaules et les seins sont comme cousus dans un court corsage dont la teinte foncée se marie avec la couleur bronzée de leur peau. L'impassibilité de leur visage est telle que les pieds, tout en rasant précipitamment la terre, et surtout les bras, en se balançant, semblent seuls accuser le mouvement ; le reste de leur personne se transporte immobile comme un bronze. La structure grêle, mais élégante et nerveuse des femmes, leurs extrémités si fines en font de petits êtres dont la séduction est encore avivée par leur apparente indifférence.

Été avec général visiter les caves d'Éléphanta dans petit steamer de M. Sheperd. Placé dans une petite île, au milieu des palmiers, cet immense travail est taillé dans le roc, mais sans grandeur et très lourd : première apparition des grotesques dieux indous auxquels leurs immenses dimensions ne donnent aucun caractère imposant. Leurs poses étranges et leur naïve exécution suffiraient d'ailleurs à exclure cette impression.

Interprétation obscène des bornes gardées par la déesse terrible à plusieurs bras.

Belle couleur ambrée de la mer au retour ; toujours charmeurs de serpents et combats de reptiles et de mangoustes à la porte des hôtels.

Promenade sur l'esplanade, à la musique. — Parsee avec cocher anglais, le seul serviteur de cette nationalité, avec le cocher du vice-roi, que j'aie vu aux Indes, où les serviteurs sont toujours des natifs.

28. — Adieux au général qui part pour les Nilgrees.

Visite à la ville indoue, puis aux halles, construction assez semblable à celle des Halles de Paris. Produits bien différents, néanmoins : premières mangues ; cocos, pamphrets stone fishes, poissons inconnus en Europe ; chasselas et fruits tropicaux.

Dîner fort agréable à Malabar Hill, résidence de tout Européen aisé, à la villa du consul français, M. Drouin, avec son chancelier, M. d'Avesnes, et M. Got, jeune Français employé de grande maison anglaise. Après dîner, promenade au clair de lune, la première au milieu de jardins exotiques soigneusement entretenus, et pleins de poésie à cette heure pour qui arrive de France. C'est ici que les riches négociants de Bombay possèdent tous une villa, il y en a de ravissantes.

Visité les Tours du Silence, aux environs de la ville, sur une hauteur. Dans l'enceinte close de murs, au milieu d'un jardin, se trouvent quatre ou cinq grosses tours ventrues. Sur leur sommet en cuvette et fermé par une grille, sont déposés les cadavres parsees sans distinction de fortune. Les cadavres des hommes et ceux des femmes sont toutefois séparés sur la grille commune.

C'est seulement une fois dépouillés de la chair que les os des uns et des autres se trouvent indistinctement réunis dans le pied de la tour, suivant le principe parsee qui n'admet plus de distinction après la mort. Quelques Parsees extrêmement riches possèdent cependant des tours de famille. Je ne juge de ces détails que par un relief en réduction exposé dans l'enceinte même, car en réalité on ne voit que les vautours perchés sur le sommet de ces fameuses tours (dont les détails intérieurs de construction restent invisibles). Ces animaux repus interrogent l'horizon de leur regard perçant. Le fait est qu'un Parsee est un morceau d'importance pour un vautour ; ils se portent généralement fort bien de leur vivant, et il en reste quelque chose après la mort.

Été le soir au théâtre parsee où j'entre librement et fais sensation, étant le seul Européen présent. Parsees et leurs femmes en riches costumes. Aucune femme sur la scène : les rôles de femme sont tenus par de jeunes hommes qui font illusion au point qu'on ne devinerait jamais ce détail si on ne vous le racontait ; je ne l'ai moi-même connu que le lendemain.

Comédie d'actualité : Parsees habillés en Anglais représentent la nouvelle génération sans doute et chantent des couplets anglais humoristiques. — Colère amusante des vieux Parsees dont le public paraît beaucoup rire.

Tout cela semble bien enlevé. Les Parsees jouent quelquefois des traductions de Shakespeare.

Puis opéra. — Un seul air nasillard et traînant qui dure tout le temps. La pièce pour être moins moderne n'en est pas plus curieuse, surtout pour moi qui ne comprends pas la langue. Une famille fait le tour du feu en chantant et en battant des mains en mesure. J'assiste ainsi, paraît-il, à une représentation très exacte et curieuse d'une cérémonie religieuse parsee. (Les Parsees sont des adorateurs du Feu.)

Les Parsees se ressemblent tous : ils sont blancs et offrent le même type : nez busqué, moustache, favoris courts, ventre très précoce, comme il convient à d'honnêtes ronds de cuir. Ils tiennent une grande partie du commerce de Bombay. Leurs femmes sont parfois très jolies (costume spécial des femmes parsees).

Le commerce de Bombay ne possède que des comptables parsees. Ces gens d'origine particulière, lointaine même, possèdent, dit-on, toutes les qualités des Juifs sans en avoir les défauts.

31. — Invité le soir au bal dans les salles du Comptoir d'Escompte, aux *Bachelor's danses* de Bombay.

Me contente de dîner au Byculla-Club avec consul Drouin, d'Avesnes et Got, qui, comme moi, se dispensent de ce bal brillant.

La France fait, me dit-on, 50 millions d'affaires avec Bombay, et jamais un pavillon français en rade! On compte sur la fondation à Marseille de la Compagnie Nationale.

Visité près du club écuries très importantes du marchand de chevaux arabes ou persans venus par le golfe

Persique. Ce gentleman, natif, est propriétaire de plusieurs jolis chevaux arabes qui ont gagné des courses aux Indes.

Adieux ce soir à tous. Je pars directement pour Calcutta.

— Apprends que dix-neuf cadavres cholériques de pèlerins ont été retirés du train à Allahabab. — M'arrêterai là une autre fois.

1er février. — Pays plat, bien que la voie monte insensiblement. Du blé partout. — Jolies stations fleuries, grâce à l'allocation des compagnies aux chefs de station pour leur entretien de fleurs.

Nature monotone, mais proportions imposantes du moindre accident isolé. Les ravins contiennent peu d'eau, il est vrai, en ce moment, mais les grèves sont immenses, et les ponts ont plusieurs centaines de mètres.

Splendides banians et mangos trees formant d'importants et gracieux bouquets de verdure à l'ombre desquels les villages ressemblent d'un peu loin à des cabines à lapins. En réalité, quelques gourbis de terre, de roseaux et de bambous; un seul banian abrite tout un village.

Au sortir de Bombay la voie gravit les collines voisines sur une voie en lacet; on évite ainsi les travaux d'art, mais au prix de quelque perte de temps.

Ici comme ailleurs, pas de dépense inutile. — Traversons quelques pentes boisées avant Jubulpoore. Curling y voit des singes.

Les berges boisées des ravins forment parfois de jolis

paysages qui disparaissent comme une courte vision, et la plaine nue reparaît pour longtemps.

Camp anglais à Jubulpoore.

2. — Vrai désert après Jubulpoore.

Arrivé le matin à Allahabad. Adieu à Curling qui va rejoindre son régiment à Meerut.

Pont de plus de 1.500 mèt. après Allahabad, et étendue immense des grèves. — Petites perruches vertes. — Suivons vallée du Gange. — La végétation augmente : rizières, blé, cannes à sucre, herbes à carry, etc.

Trois gentlemen du Bengal Government revenant d'une partie de chasse montent dans mon compartiment avec peau de panthère fraîchement tuée, fusils, etc. et 100 kilos de bagage! Écarté, soda-water et whisky.

Depuis 36 heures, je n'ai pas vu de route entretenue.

Nombreux natifs encombrent les classes inférieures du train depuis mon départ. Cette distraction commence elle-même à devenir monotone.

§ 2. — CALCUTTA

6 février. — Arrivée à Calcutta à 5 h. du matin. Hôtel Great-Eastern. Les monuments de la ville anglaise sont comme à Bombay presque tout en briques avec ouvertures, portes et fenêtres, tantôt de style gothique, tantôt roman, et verandas le long de presque tous les étages. Quelques-uns de ces monuments sont importants quoique sans caractère. Le palais du vice-roi, bien placé au centre de la ville anglaise, au milieu d'un beau jardin qui s'étend jusque sur l'esplanade, a seul de la grandeur.

Immense pont de bateaux sur l'Ougli. — Quais où affluent bateaux de tout tonnage, marchandises, fanatiques Indous venant apporter au bûcher les corps de leurs parents morts, ou se plongeant dans le fleuve. — Singulier aspect des hommes et des femmes uniquement vêtus du pagne blanc ; beaucoup laissent sécher leur chevelure qui s'étale, au retour du bain, sur leurs dos nus.

Vilaine population qui n'a plus les formes élégantes de celle de Bombay. Courte, lourde, ramassée, sans grâce, pas de cou, des genoux énormes, quantité de têtes chauves (conséquence sans doute de l'habitude des riverains de se fourrer chaque jour dans le Gange jusque par-dessus la tête), bras et jambes sans aucun modelé ; bref, autant de petites outres bien dégoûtantes. Pouah ! les vilaines bêtes !

Ville indigène sans autre caractère que celui d'un bazar oriental, le moins intéressant qu'on puisse voir. Du reste, ici comme à Bombay, la ville native est de fondation anglaise, mais infiniment moins bien construite. Ce ne sont que gourbis de boue ou en nattes, poudreux, sales, dans lesquels on ne débite, à part les vivres, que des produits d'importation anglaise : épicerie, mercerie, lampisterie, quincaillerie de rebut, etc., etc. Comme produits indigènes : des babouches dont ils n'usent guère cependant, et des gâteaux faits avec du sucre qui se récolte en ce moment. (On est ici en retard sur l'Égypte.) Quelques Afghans, types splendides de stature et de fierté, tranchent singulièrement sur toute cette population indoue qu'ils semblent contempler avec mépris, et qui semble un vrai bétail à côté de ces hommes magnifiques.

Hôtel confortable, table copieuse malgré les prix tout faits. Chaque voyageur a pour un franc par jour au plus, à son service spécial, un domestique zélé, attentif, qui fait ses malles, sa chambre, met ses boutons à ses chemises, et se tient derrière lui à table pendant les repas (ce qui donne un singulier aspect à la table d'hôte), couche en travers de sa porte à l'hôtel et ne coûte jamais plus que son transport en chemin de fer et ses gages. Combien d'hôtels en France où l'on paie un franc par jour de service pour ne jamais voir personne!

Service des palanquins et des voitures très bon marché comme tout ce qui est de travail natif. Il n'en est pas de même du travail et des produits anglais qui sont hors de prix.

4. — Ai visité la maison du rajah de Calcutta. Il n'y a point de rajah de Calcutta; mais le riche Indou chez lequel mon cocher m'a mené, a pris et reçoit ce nom; son fils, qui paraît très flatté de ma visite, doit me la rendre à l'hôtel, ce qu'il se garda bien de faire du reste, heureusement. L'habitation est grande et située au milieu d'un jardin; l'intérieur de la maison et l'ameublement sont européens et de mauvais goût, bien entendu; dans les salons de réception, portraits de différents mahrajahs, du prince de Galles, de Charles X, de Bernadotte, etc. Je me figure d'ici le harem du rajah : des divans, des fauteuils en reps avec monture d'acajou tourné; tapis européen représentant un lion ou une chasse à courre. Dans le salon, cinq ou six femmes assises les jambes écartées à l'orientale, les cinq doigts aussi, habillées de belles robes de soie européennes mal ajustées et de teinte claire, avec des décolletages sur leur

peau noire. Une nuée de taches répandues à profusion sur le tout. Je vois ça d'ici, de sorte que, cette fois du moins, je ne raconterai pas absolument sans avoir vu. Pouah!...

Été le soir me promener, à l'heure élégante, à l'Esplanade. Foule variée, et élégamment tenue, composée d'employés du gouvernement, d'officiers, de marchands anglais, de Parsees et de half-caste. Ces derniers ont les plus brillants équipages. Mélange de chapeaux noirs, de bonnets parsees, de turbans qui sont quelquefois des édifices merveilleux; quelques cochers en portent de plus gros qu'eux.

Suivi le mouvement de cette foule qui, à la nuit tombante, m'a conduit à la musique qui a lieu tous les soirs de 6 heures à 7 heures à l'Eden Garden, situé au bout de la promenade du côté de la ville, près de Government-House, sur les bords de l'Ougli.

Amazones et cavaliers mettent pied à terre; les nombreuses voitures attendent à l'entrée, ainsi que les chevaux. Eden Garden, charmant petit parc avec petite rivière, petits ponts, coquette petite pagode apportée de Birmanie.

L'Esplanade est une vaste étendue de terrain absolument déserte; plusieurs Champ-de-Mars y danseraient. Au milieu une grande colonne de briques, sans aucun attribut ni inscription, élevée en mémoire d'on ne sait quoi; on dirait un phare pour le jour seulement, car il n'est jamais éclairé, uniquement placé là pour dire aux passants : « Vous ne pouvez passer ici parce que j'y suis; si je n'y étais pas, vous pourriez passer. »

Du côté opposé à l'Ougli, le quartier riche et élégant de Calcutta, les villas.

Aux abords de la ville et de Government-House, plusieurs statues équestres ou pédestres de vice-rois ou d'obscurs généraux, jusqu'à celle de l'amiral qui commandait la flotte pendant la mutinée. Le long de la promenade, le fort qui commande l'Ougli.

Tout au fond de l'Esplanade le jardin zoologique, très bien entretenu; animaux de l'Inde : singes, tigres resplendissants de santé, mais ici encore dans des cages trop étroites.

Été le soir voir *Roméo et Juliette* au Royal-Theatre, joué par Baudman (Allemand) et miss Baudet (Française). Le théâtre est une vraie grange, peu brillante malgré les toilettes des femmes, les habits noirs et les chapeaux hauts. Scène très petite, petits décors à glissement qui bougent toujours et ne joignent jamais.

5. — Été visiter Zoological Garden sur la rive droite de l'Ougli à quelques milles de la ville. Ce jardin est ce qu'il y a de mieux aux environs de Calcutta; ne contient que des plantes et arbres rares. Allées de palmiers et de bambous d'espèces très variées; fameux banian, le plus étendu des Indes, dit-on; belle végétation tropicale; bel entretien; serres d'ombre formées par de petits châssis en fer supportant de légers paillassons; belles avenues bordées de palmiers variés.

6. — Promenade en ville; visité la Mosquée : une horloge anglaise en fait le seul ornement.

Été voir brûler des cadavres de natifs sur les bords de l'Ougli. Un ou deux parents arrivent inopinément avec un corps posé sur la civière qui servait de lit au mort (quand il en avait un), et s'en vont. J'assiste seul au départ en fumée de plusieurs Indous; l'enceinte est murée, et peu de gens ont la curiosité de venir voir ce spectacle suffocant; ni parent ni ami.

Fais parvenir lettres d'introduction à lord Rippon, vice-roi, par l'intermédiaire du capitaine Brett, aide de camp.

Invité ce soir à la réception de Government-House. Cette réunion est faite en l'honneur du mahrajah de Jeypoor, fils adoptif du dernier mahrajah défunt, qui vient pour la première fois à Calcutta. C'est un des plus grands princes de l'Inde; il arrive en très brillant costume : beau turban avec aigrette de diamants, mais bottines anglaises qui nuisent à l'effet général du grand personnage.

Peu de physionomie chez le jeune rajah qui ne quitte pas sa canne. Son attitude est humble et embarrassée vis-à-vis du vice-roi qui l'attendait près de la porte et le reçoit avec empressement et beaucoup d'égards; le mahrajah n'y gagne aucune aisance.

Petite tenue sans armes des officiers anglais à la réception.

7. — Été exposition Calcutta; bijoux indous, nattes, tapis; somme toute, pas grand'chose de joli. Le tout est acheté quand même d'avance par Anglais. Squelettes antédiluviens, minerais, etc.

Dîner et bal chez S. E. le vice-roi. Réunion des invités dans la salle du Trône. A l'heure fixée pour le dîner, les portes s'ouvrent; lord et lady Rippon passent devant les invités qui les suivent dans la salle à manger. Dîner tout au champagne, excellent. L'officier d'ordonnance, mon voisin, M. Durand, me fait remarquer les lustres et une série de bustes, rangés autour de la salle, qui représentent les différents empereurs romains. Ils étaient, me dit-il, ainsi que les lustres, expédiés par Napoléon Ier à Tippo-Saëb, mais furent capturés en route par un vaisseau anglais, probablement un de ceux qui, partis des Indes, ne purent parvenir jusqu'en Égypte pour apporter de l'aide aux Égyptiens, faute d'air dans la mer Rouge.

Ici, moins de mouvement qu'à l'hôtel ; le service, quoique bien suffisant, paraît maigre. Après dîner, on serait mieux pour un moment chez Gambetta, renommé pour ses cigares exquis. Ici, ni café ni cigares. Il est vrai que le champagne continue à couler à volonté au buffet, car le bal commence au sortir de table.

Ce soir, pas de rajahs ; ils ne sont, paraît-il, jamais invités aux bals, les danseuses étant chez eux des femmes de classe inférieure et méprisable. Le soir, souper servi extérieurement sur la terrasse du palais. C'est splendide, et dans les décors de *Don Juan* à l'Opéra, l'artiste n'a pas su trouver d'aussi grand effet que celui de cette table somptueuse, servie, par une nuit tropicale, sur une terrasse de Government-House, au pied de son imposante colonnade, à quelques mètres au-dessus de beaux jardins exotiques.

M. et Mme Grant, lord Beresford, Primerose, secrétaire privé du roi, etc.

8. — Garden party chez le vice-roi, dans la journée ; le champagne continue à couler.

De gros Indous, des Parsees, des Anglais ; grande et aimable simplicité du vice-roi et de lady Rippon qui, pour animer cette petite fête, font lâcher de petits ballons éclairés qui s'allument en l'air.

Retourné au théâtre ; vu, par les mêmes artistes, le *Marchand de Venise*. Le mahrajah de Jeypoor y assiste avec son plus jeune fils; il est flanqué dans sa loge de deux suivants qui restent tout le temps debout derrière lui.

9. — Oiseaux de proie et corneilles sont chargés ici de la voirie; quelques feuilles de salade dans un carrefour en réunissent une quantité innombrable. Le ramage perpétuel des corneilles rend agaçant le séjour de toutes les villes de l'Inde : il s'agit de s'y faire.

Malgré la laideur repoussante de la population de Calcutta, il faut avouer que le drapage des natifs, dont un simple voile constitue l'unique vêtement, est cependant bien souvent plus gracieux, moins ridicule que les toilettes à plis préparés d'avance et faux de bien des élégantes anglaises de Calcutta.

Devant le perron de Government-House, se trouvent d'un côté un ou deux canons afghans, de l'autre un superbe canon chinois de six pieds de haut, au moins. L'affût, de bronze comme la pièce, représente un dragon qui menace l'ennemi de son dard, en même temps que par son énorme gueule ouverte il semble vouloir vomir lui aussi la mitraille, au-dessous même de la pièce qu'il supporte sur ses ailes déployées. Un beau bronze chinois, en vérité.

Reçu lettres d'introduction de la part de Primerose, secrétaire privé du vice-roi : une pour le mahrajah de Bénarès; une pour celui de Kashmir; d'autres pour des gentlemen anglais à Delhi, Agra, Jeypoor, etc.

Mon homme étant souffrant, je retarde mon départ de quelques jours.

11. — Plus je cherche dans la ville native quelque chose de joli et d'intéressant, moins je trouve. De la

poussière et c'est tout. Les maisons elles-mêmes sont en poussière ; aussi les natifs qui reviennent tout trempés du bain au milieu de ce sale et éternel nuage, se mouchent-ils trop, ce qui n'ajoute pas à l'agrément de ma promenade. C'est à croire que le père Adam, natif des Indes, comme le sait tout vrai Indou, a spécialement légué à ce peuple son mouchoir, avec la manière de s'en servir.

Lunch au Comptoir d'Escompte chez Simonnet, avec Daussaing, du consulat de France, et Van Ectred, du consulat belge.

12. — Mon homme va mieux.

Lunché au Comptoir. Il pleut. Ah ! que c'est bon !

Visité maison d'un autre rajah de Calcutta qui possède une garde salement habillée et armée à l'anglaise. Belles salles tout en marbre. Collection de bêtes vivantes : autruches, cerfs, antilopes, etc., toutes également pelées. Poils et plumes sont également rares sur leurs pauvres corps amaigris.

13. — Bal à Government-House.

Promenade prolongée dans la journée. Les abords de la ville se perdent dans la poussière, tandis qu'à Bombay, les palmiers remplacent peu à peu les maisons et que la ville se perd dans la verdure.

14. — Départ le soir 9 h. 15 min. pour Bénarès.

§ 3. — BÉNARÈS.

Le long des champs, grandes fosses contenant provision d'eau. A Magul-Seraï, bifurcation située à quelques milles de Bénarès, le train prend un wagon spécial contenant trois femmes indoues qu'on voit se coller curieusement contre les vitres. A Bénarès, où j'arrive à 4 h. du soir, trois litières couvertes en cachemire rouge brodé d'or attendent les trois femmes. Un gros boufli tend un grand drap de la portière du wagon à chaque palanquin pour cacher la sortie des femmes. Si ce petit arrivage est à destination du mahrajah, j'ai bien choisi mon moment pour venir le déranger ! Enfin, j'attendrai toujours jusqu'à demain pour lui faire tenir ma lettre d'introduction.

Descendu Clark's Hotel, à 2 milles environ de la ville.

Miss Clark fait parvenir ma lettre à H. H. le mahrajah qui m'enverra sa réponse.

16, 17. — Mis en route dès aujourd'hui pour visiter la ville sainte où je me trouve justement au moment du festival, quelque chose comme le Christmas indou. Aussi, quelle animation dans la ville !

Visité d'abord le temple des singes. Je dépose mon offrande, et des brahmes, comme du reste dans tous les autres temples de Bénarès, me mettent au cou des colliers de fleurs odorantes. Dans les autres temples, on donne ces fleurs enfilées à la vache sacrée, qui les mange avec la ficelle ; ici, pour se faire bien venir des dieux malins, qui alors viennent gentiment prendre dans votre main, il faut acheter aux brahmes des sucreries.

Le temple, tout en pierre, est fraîchement repeint en rouge, comme tant d'autres. Le derrière des dieux, par suite, l'est également, ce qui n'est pas très heureux pour les petits marchands des environs fréquemment visités par eux, car ils détériorent la marchandise en l'éparpillant ou en s'asseyant dessus. Cela du reste ne la déprécie nullement; au contraire. Il n'en serait pas de même si un Européen touchait seulement du bout du doigt quelque nourriture indoue : la religion étant, avant tout, basée sur le mépris des étrangers, dont le plus élevé ne saurait être considéré comme d'une caste supérieure à celle du dernier paria de l'Inde.

Les petits dieux volent assez souvent la susdite marchandise; mais alors, c'est que le marchand a sûrement mérité cette punition, et aucun d'eux ne se permettrait la moindre observation à l'endroit de nos amis dont un grand nombre jouent ou se reposent sur les degrés qui descendent au tank (grand bassin sacré, près du temple), tandis que les autres se sont répandus dans les ruelles avoisinantes. Quelques-uns tiennent tranquillement le milieu de la route, habitués qu'ils sont à voir les voitures se ranger sur leur passage. Ces petits dieux, jamais contrariés, sont fort gentils, familiers, aimables et amusants.

Au Baironath Temple, il faut prendre une ficelle et recevoir un coup de plumeau de plumes de paon pour échapper à l'influence des mauvais esprits du temple. Dès lors, pourquoi y aller? C'est cependant un des plus fréquentés.

Au centre de la ville, agglomération de temples. Le plus important du groupe est le Golden Temple; tous sont du reste la répétition les uns des autres. Au milieu d'une sorte de cour, une petite pyramide en pierre, soigneusement décorée de sculptures très lourdes. En bas, à hauteur d'homme, s'ouvre dans le soubassement une sorte de petit tabernacle bien noir, au fond duquel on distingue, grâce à une petite lumière, une poupée habillée, très laide, avec masque en argent ou en or; cela représente le dieu de l'endroit, que les fidèles n'ont pas, je pense, le bonheur de contempler tous les jours, étant donné le flot d'Indous qui se pressent aujourd'hui devant ce vilain et éternel spectacle. Au Golden Temple, un brahme me fait faire de la place à force de coups de poing et de claques distribués aux fidèles, et, au milieu de cette foule compacte, j'ai toujours peur de perdre mon guide. Dans l'intérieur du temple on trouve souvent un taureau de pierre, une ou deux vaches vivantes; ce sont encore des dieux. Et toujours plusieurs mahadeos, petites bornes de pierre, de dimension variable, plantées dans le sol et dont le sommet est peint en rouge. Les fidèles s'écrasent en ce moment dans tout Bénarès pour porter des fleurs aux innombrables mahadeos, ou pour les arroser d'un peu d'eau ou d'huile.

Il y a, tant dans les temples que sur les bords de la rivière ou ailleurs dans la ville, plus d'un demi-million d'idoles, dit un auteur anglais. Dans certains temples et certaines rues, on patauge dans une véritable bouillie de fleurs et d'eau.

J'ai vite assez de cet étouffement dans les petits temples ou les petites ruelles du voisinage.

Je passe par le bazar où je vois de très belles étoffes de Bénarès; n'achète guère que de ces cuivres qui commencent à devenir communs à Paris, et surtout à Londres, mais à des prix bien différents, et je reviens dîner à l'hôtel d'où je repars à 1 h. 30 min. pour Bénarès.

Cette fois je vais me promener sur les bords du Gange.

Comme les Anglais, par parenthèse, ont raison, au

lieu de se mêler aux natifs, comme nous le faisons en Algérie, et de s'enfermer avec eux dans de petites villes carrées, closes de murs; comme ils ont raison, dis-je, de les laisser chez eux et de s'installer également chez eux, à distance! Je crois que tous y gagnent, et la couleur locale n'y perd pas.

Le festival est partout, jusque dans les petites ruelles encombrées de natifs et garnies de niches de pierre ou mahadeos. Dans certaines niches, on voit un grand nombre de ces idoles; on dirait des champignons de couches dans de petites caves. Tous, par leur humidité soigneusement entretenue, et les fleurs déposées à leurs pieds, témoignent de la piété des fidèles. Les fleurs volent de tous les côtés dans ces ruelles, et se mêlent désagréablement aux crachats des chiqueurs de bétel. Un cadavre porté au Gange, par deux hommes, attaché à une perche, passe près de moi au milieu de l'indifférence générale.

Je débouche sur une place assez grande où le fanatisme prend l'aspect d'une foire. Des fakirs tout nus, plus incultes et plus sales encore que partout ailleurs, se livrent à toutes sortes de dislocations. Devant eux, une écuelle et quelques pièces de monnaie qu'ils affectent de ne pas voir, car ils affectent toujours l'indifférence pour tout ce qui les entoure, mais ne manquent jamais cependant de se mettre en évidence. Quelques-uns exhibent sur des coussins somptueux, aux couleurs voyantes, de petites vaches bien grasses, aux cornes et aux pieds dorés, comme on ferait chez nous d'un mouton à cinq pattes. Ces animaux contrastent d'une manière frappante avec les corps amaigris des fakirs. D'autres enfin, campés comme des bohémiens au milieu de la ville, regardent pendant des jours entiers, d'un air stupide, couler l'eau du Gange et passer les Indous de Bénarès qui viennent s'y baigner ; car les fakirs préfèrent leur noble saleté à l'eau du fleuve sacré.

On y voit aussi de petits marchands.

Quelques pas encore, et me voilà enfin sur les bords du Gange. Je ne vois sur la rive qu'une longue série d'escaliers qui ne se raccordent jamais entre eux, généralement lézardés, dont quelques-uns monumentaux, conduisant à différents palais que les mahrajahs possèdent dans la ville sainte, ou à des temples. Là, de tout petits temples, de la grandeur d'une niche à chien, entassés ou semés sans ordre, ressemblent à un coin des pyramides ; ils contiennent d'innombrables mahadeos, quelques stone bulls, fraîchement fleuris. Ces escaliers couvrent comme d'une carapace les berges du fleuve sacré pendant quatre milles. A peine cette longue suite de degrés est-elle interrompue de loin en loin par quelque crevasse, quelque ravin ou quelque éboulement. Mais quel mouvement tout le long de cette rive, et quelle variété de spectacles ! Des hommes et des femmes demi-nus vont se baigner ou sortent de l'eau, tous drapés d'une manière différente dans leurs longs voiles trempés et collants. Les uns ressemblent à des empereurs romains, d'autres à des garçons coiffeurs ou à des cocottes. Ici une femme se déshabille derrière une niche ; là une autre, plantée sur une plate-forme, secoue ses cheveux mouillés et laisse pendre le long de la pierre ou voler à l'air l'unique voile de couleur qui compose sa parure, long de 5 ou 6 mètres, qui flotte comme une oriflamme.

Puis toujours çà et là des fakirs à l'air stupide, des hommes avec des chignons, des femmes aux cheveux ras (les veuves, me dit-on, auxquelles le gouvernement anglais a refusé la douce satisfaction d'être brûlées vives sur le cadavre de leur mari).

Je visite plusieurs temples, dont quelques-uns en pierre et sculptés avec un soin étonnant (l'un d'eux, le Nepaleese, est décoré de sculptures d'une excessive obscénité).

Je passe près du puits Manikarnika, vaste entonnoir carré aux pentes en escaliers : au fond, un peu d'eau très sale dans une étroite fosse, c'est là que d'innombrables fidèles des deux sexes se succèdent rapidement pour se plonger jusque par-dessus la tête : les plus gros péchés sont effacés par ce moyen, surtout pendant les éclipses de soleil; ce sont alors des centaines de mille de pèlerins qui viennent disparaître tour à tour pour une seconde dans cette boue. (Pour l'explication mythologique de toutes ces bizarreries, voir le *Benares guide Book,* by an old resident.)

Tout en me promenant je me trouve dans le Burning Ground, sorte de ravin peu resserré, au milieu duquel plusieurs bûchers sont allumés sur le bord de l'eau; un homme est en train d'y raser un mort avant de le brûler, et jette ensuite ses poils de cheveux et de barbe dans le fleuve sacré. Pendant qu'on s'occupe de celui-ci et que d'autres flambent tranquillement, deux ou trois attendent leur tour. Celui-ci, faute d'une civière, est ficelé après la perche qui a servi à l'apporter, et a l'air d'être à la broche. Cet autre, entièrement nu, est étendu, les yeux ouverts, dans une pose grotesque. Un cependant est couvert de quelques fleurs. Ces cadavres sont si maigres qu'ils semblent être tous morts de faim. Un bambin va me chercher du feu au bûcher voisin et j'allume tranquillement ma cigarette. Chose singulière à dire, mais positive : le fanatisme semble n'être égalé ici que par l'indifférence.

Dans le Ground, plusieurs pierres à sotees: on y voit encore, grossièrement sculptés, un petit bonhomme et une petite bonne femme qui se tiennent par la main. C'est là que, avant la défense du gouvernement anglais, on brûlait les femmes vivantes avec leurs maris morts, et cela avec la même tranquillité qu'on brûle aujourd'hui les cadavres, et au milieu de la même indifférence des passants. C'est également ce même public qui, avec cette même sérénité et ces mêmes regards stupides, se précipitait sous les roues du char de Yungernath pour se faire broyer, et qui serait prêt à recommencer avec plaisir si on le lui permettait.

J'évite quelques trous, je manque de tomber dans la fenêtre écroulée d'un palais, et j'arrive à la mosquée d'Aureng-Zeb, qui domine la ville et toutes ces scènes. Je fais l'ascension d'un de ses minarets étonnants de hauteur et de finesse; puis remontant en ville, je traverse le quartier des bayadères. Là, un grand nombre de femmes très fardées, soit de leurs fenêtres, de leurs balcons ou de la rue même, font des signes non équivoques d'amabilité.

Je retrouve ma voiture, j'y remonte ahuri de tout ce que je viens de voir, cherchant à m'expliquer et à qualifier tout cela. Mais, à l'heure qu'il est, je crois encore que tous les adjectifs connus seraient de mise, car il n'est rien de plus étonnant pour un Européen que cette foire, où est conviée la mort même, expression du plus vivace et du plus ancien des fanatismes humains.

En rentrant à l'hôtel, je rencontre un groupe de bayadères au coin d'un chemin : chacune d'elles, comme toujours, est surchargée de riches ornements brodés et dorés. Elles me donnent une première idée des danses du pays, beaucoup plus animées qu'en Afrique. D'ailleurs, ces demoiselles, tout en tournant et en riant (rien d'impassible chez celles-ci), chantent, ou plutôt braillent, avec des intonations variées, une histoire qui, bien entendu, m'intéresse peu. Quand je les quitte, elles viennent m'arracher ma monnaie des mains et ont ensuite tout l'air de se moquer de moi pour leur avoir tant donné ; mais celles qui n'ont rien reçu me poursuivent jusqu'à ma voiture.

Visité le collège, de création anglaise, et qui, ici comme en d'autres endroits de l'Inde, ressemble à une église gothique et somptueuse. C'est là que quelques rares natifs trouvent l'instruction, l'ennemi qui doit un jour vaincre le fanatisme si puissant à Bénarès.

Été le matin, comme le fait tout voyageur, me promener en bateau sur le Gange. — Plus encore de baigneurs et de baigneuses qu'hier dans la journée, mais rien de nouveau à part cela. J'admire avec quelle habileté et quelle décence les femmes se mettent à l'eau et s'en retirent : elles trouvent moyen de laver leur voile sur l'eau pendant qu'elles-mêmes y sont plongées, et s'en recouvrent en sortant sans jamais se laisser voir, — les hommes également ; et ce spectacle bien connu n'a rien de *shocking*.

Été visiter, à quelques milles de la ville, les ruines boudhistes de Sarnath, deux grosses tours avec restes de sculptures de pierre fort anciennes. A côté, dans une maison fermée, tenue par quelques gardiens, un boudha en marbre noir dans une sorte de niche en marbre blanc, seul vestige boudhique que j'aie vu dans le nord de l'Inde.

18. — Reçu réponse du mahrajah qui m'envoie à 5 h. son secrétaire et sa voiture. On me conduit à son bengalow situé dans la ville anglaise, assez près de l'hôtel. Le mahrajah, vieillard extrêmement aimable, et très soigné de sa personne; ses cheveux sont tout blancs; ses yeux d'une vivacité bien rare chez les mahrajahs indous, vivacité tempérée par l'extrême douceur de son regard aussi bien que de sa parole. On me passe au cou un collier en fil d'argent, et on me met de l'odeur sur mon mouchoir. Le mahrajah m'invite à aller déjeuner le lendemain à son palais situé sur la rive opposée du Gange. Le nombreux personnel qui l'entoure me regarde comme le seigneur de Bénarès avec bonté, et je me retire après avoir échangé de nombreux compliments en mauvais anglais.

19. — La voiture du mahrajah vient me chercher à 8 h. et me conduit au Gange, où je trouve son bateau et ses rameurs qui me font passer le fleuve et me conduisent à son palais, lequel repose sur le sommet de très hautes et très sombres murailles de pierre qui baignent directement dans le Gange, et c'est seulement arrivé au pied de cette forteresse que j'aperçois se détacher dans la muraille un large, haut et très dur escalier, et à son sommet, une grande porte donne accès dans le palais. Sur les

autres faces, le palais est de plain-pied avec le sol. C'est une agglomération de bâtiments variés, les uns de style indou, d'autres sans style; de cours intérieures immenses, d'arcades. A la grand'porte de derrière, des gardes portent un curieux mélange de lances et de sabres du pays et de fusils anglais. Dans tous les palais de l'Inde, on retrouve ces immenses portes destinées au passage des éléphants garnis de leur palanquin; elles sont d'un grand effet inconnu en Europe.

Le secrétaire me conduit dans la salle à manger qui donne sur le Gange, et assiste à un somptueux déjeuner arrosé de claret et de champagne, qu'il m'offre de la part de son maître encore absent. Pendant tout le temps de mon repas il me tient compagnie, sans toucher, bien entendu, à rien de ma nourriture.

Promenade dans les immenses salons meublés à l'européenne. Des boîtes à musique et une poupée articulée représentant une lady assise devant son miroir et occupée à se mettre de la poudre de riz en cadence, sont ce qu'il me montre avec le plus d'orgueil.

Cinquante portraits à l'huile de mahrajahs dans le grand salon. Galerie immense dont les immenses fenêtres donnent sur une petite terrasse indoue qui court tout le long du salon et domine les murailles et le Gange.

Le secrétaire m'offre la récréation de quelques *dancing girls*. Sur mon acceptation, le salon se remplit peu à peu du nombreux personnel du palais qui vient meubler la pièce. Je reste à peu près seul assis. Deux danseuses font leur entrée, vêtues des plus jolies étoffes de Bénarès, recouvertes de jupes de gaze brodée d'or et d'argent du plus riche effet. Ces danseuses ont, dans leurs mouvements, une aisance qui leur donne une certaine grâce. Le pas principal consiste toujours à tourner de manière à faire des ronds avec la belle jupe de gaze tout en prenant des attitudes de bras et en frappant violemment en mesure le talon nu sur le tapis. Du reste, les discours, les chants ou les cris qu'elles articulent semblent être la chose importante du divertissement; les pas et les gestes, un accompagnement. Elles prennent, par moments, en me regardant fixement et toujours en braillant, un air railleur qui donne par moments du piquant à leurs nombreux sourires.

Entre le mahrajah suivi de ses deux fils, dont il reçoit de très nombreuses marques de respect, ainsi que les égards d'un gentleman anglais détaché par le Gouvernement auprès de H. H.

Échange de paroles aimables. Le sol se couvre peu à peu de coupons de belles étoffes qu'on vient déposer à nos pieds, et qu'on enlève au bout de quelques instants. Les pauvres danseuses que nous avons oubliées n'en peuvent plus et sont sans voix; le mahrajah les renvoie enfin avec la musique. Puis il m'offre sa photographie, celles de ses fils, celle de son palais, quelques pièces d'étoffe et de tulle brodé, des fleurs et un nouveau collier.

Nous descendons dans la grande cour d'honneur. Adieux du mahrajah à son fils, qui quitte le palais dans un palanquin d'argent ciselé; les panneaux tranchent peu sur la robe d'or du jeune prince, tandis que l'aigrette de sa toque s'échappe d'une broche de diamants. Plusieurs soldats l'accompagnent, et le départ s'exécute au son d'une musique européenne dirigée par un Anglais à la solde de H. H.

Je prends congé du mahrajah, et, en compagnie du secrétaire, nous montons sur l'éléphant qui nous attend dans la cour et allons visiter les jardins. Gros village à la sortie; sans doute les demeures des innombrables employés du palais. Un peu plus loin, vingt éléphants au piquet : quelques-uns dressés donnent le pied, dansent, etc. Beau temple particulier du mahrajah, construction récente très bien sculptée jusqu'au sommet. Un grand bassin ou *tank* comme dans tous les palais de mahrajah importants. Jolis pavillons indous sur les bords. Jardins à la française.

Retour au bateau dans lequel je trouve encore du champagne. Dernière promenade sur le Gange, le long de la ville, et rentrée à l'hôtel. Je me trouve heureux d'être enfin seul, après avoir déploré toute la journée de n'avoir pas un ami avec qui partager les prévenances dont Ishri-Pershad-Naram-Singh me faisait l'honneur de me combler, et un peu fatigué d'y répondre seul.

§ 4. — LUCKNOW

20 février. — Arrivé ce matin à 5 heures à Lucknow. Promenade dans la ville.

21. — Porté mes lettres au cantonnement du 10e hussards :

1° Au capitaine Muir, aide de camp du vice-roi, et provisoirement à son régiment en *examination*.

2° Au capitaine Slade, parent de Purvis et, depuis, tué à l'ennemi en Égypte. Je trouve chez Slade le comte Seebach, lieutenant au Reiter à Dresde, qui fait le tour du monde dans le sens inverse de moi. Je suis entraîné au polo dans le break à quatre chevaux du régiment, avec plusieurs officiers du 10e hussards. Au retour, tous mes bagages sont chez le lieutenant Alsopp où je dois loger pendant le restant de mon séjour, et l'on m'apprend que je suis l'hôte du régiment.

Le bengalow des officiers est situé près de celui d'Alsopp ; deux coolies s'attellent à sa charrette anglaise, chacun à un des brancards, et ils nous conduisent ainsi d'un temps de trot au club où nous arrivons comme tous les officiers, qui, grâce à leurs gigs ou leurs poneys, arrivent comme nous avec des bottes sur lesquelles on chercherait en vain un grain de poussière. Le 10e hussards n'est-il pas du reste un des régiments les plus élégants et les plus recherchés d'Angleterre?

Luxe de la table du 10e hussards, garnie d'un nombre considérable de cups gagnées aux courses par ses officiers, un peu, je crois, comme tous les régiments anglais, ces souvenirs étant toujours abandonnés au corps.

Présenté au colonel Wood, qui boite un peu par suite d'une chute au dernier polo ; au lieutenant-colonel Liddle ; aux majors Saint-Quintin et Sparteswood, aux lieutenants Durham et Bryant et aux quatre champions du concours interrégimental de polo qui doit avoir lieu prochainement à Meerut: MM. Alsoop, Fisher, lord Campton et Greenwood.

Été le soir à un très beau bal donné par le jeune lieutenant M. Bryant dans un bengalow du voisinage, servant actuellement de club à toute la garnison qui s'y est donné rendez-vous. J'y vois le général, les colonels, les officiers de highlanders, de hussards, d'artillerie, de cavalerie indigène, d'infanterie, et quelques jolies Anglaises. Comme bonne fin de journée, on me présente à Mme Douglas, qui possède non seulement la langue mais encore la gaîté française.

22. — Visites. Seebach me donne de très utiles renseignements sur le reste de ma route qu'il vient de parcourir.

Visité la Presidency : c'est là, sur ce petit monticule, accessible de tous côtés, que les Anglais, pendant la mutinée, eurent à combattre six mois durant le flot immense des ennemis qui les entouraient. Les quelques maisons, ou plutôt ce qui en reste est conservé par les Anglais dans l'état où cela était le jour tardif de la délivrance. L'endroit où étaient les femmes et les enfants n'est pas en meilleur état que le reste. Une plaque commémorative est fixée à l'endroit où fut frappé sire Lawrence. Dans la Presidency même, un cimetière clos, dont l'entrée est interdite aux natifs, et où reposent les victimes du siège. Belle épitaphe sur la tombe de sir Lawrence :

« Ci-gît un soldat qui essaya de faire son devoir. »

A dîner, réception des highlanders qui arrivent à Lucknow le même jour que moi. Sur la table, splendides pièces d'argenterie, dont quelques-unes sont des dons des princes de Galles qui sont toujours colonels du 10e hussards, commandement qu'ils ne quittent que pour devenir rois d'Angleterre.

23. — Le matin, manœuvres de cavalerie. Seebach et moi accompagnons le colonel Wood, directeur de la manœuvre. Trois escadrons du 10e hussards sont opposés à trois escadrons de Bengal Cavalry, mais la parfaite platitude du terrain et le peu d'étendue du champ d'action enlèvent tout intérêt à cette manœuvre qui consiste uniquement en une charge de part et d'autre, charge fort bien exécutée par d'excellents cavaliers, du côté des hussards.

Ici comme dans toute autre armée européenne, l'armée française exceptée, et surtout en Angleterre, il est pénible de comparer les soldats avec cet être informe affublé du bourgeron, du pantalon de cheval et du képi de troupe qu'on appelle le cavalier français.

Visité cantonnements. Je ne puis m'empêcher, pendant toute cette promenade, de comparer la situation des soldats anglais auxquels on prodigue l'air, l'eau, l'espace, la flanelle si indispensables aux Européens en pays chaud, au sort de nos malheureux soldats d'Algérie entassés dans ces casbahs et livrés à cette vermine que le génie militaire français semble traîner après lui partout où il se transporte. J'admire ce qu'on me fait voir, mais n'en suis que plus attristé. Abuser à ce point de nos petits troupiers, les premiers soldats du monde, est, à mon humble avis, un trop long et trop cruel abus.

Lunch chez colonel Wood qui, après le tiffin, me conduit chez le général Cureton, venu ici en inspection. Il doit passer demain la revue de toute la garnison et m'invite à l'accompagner ainsi que Seebach.

A notre demande, Durham fait venir le soir chez lui trois bayadères. Bien que blasés depuis longtemps sur cette distraction, quelques officiers se joignent à nous. Les musiciens indous qui accompagnent ces demoiselles sont ceux qui paraissent le plus s'amuser: leurs mines sont tout à fait drôles, ils semblent s'amuser beaucoup plus que nous.

24. — A cheval dès 7 h. chez le général Cureton. Allons sur le même terrain qu'hier. Revue de la garnison composée de deux régiments d'infanterie anglaise, dont un écossais; de deux régiments de cipayes; le 10e hussards, le 16e Bengal Cavalry, de deux batteries d'artillerie. Tenue et ordre parfaits. Défilés; défilé individuel des cavaliers par quatre avec grands intervalles.

Nombre de jeunes Anglaises arrivent sur de petits chevaux arabes et se mêlent à l'état-major du général.

Les autres corps rentrés dans leurs cantonnements, la cavalerie reste à manœuvrer sous les ordres du colonel Wood. Répétition indéfinie du mouvement suivant: les six escadrons vont par le chemin le plus court, et en ligne de colonnes, se former sur un front indiqué d'avance, ce qui nécessite un fort long commandement, parfois le colonel dirige lui-même la marche.

Visité hier la Martinière aux environs, et le fort situé aux portes de la ville, et aujourd'hui, les grands et nombreux monuments de Lucknow, dans le détail desquels je me garderai bien d'entrer. Art pastiche par excellence et qui, grâce à une profusion de coupoles et surtout à quelques grandes gateways, garde encore un peu du caractère imposant du style mahométan. Toutes les constructions sont en briques recouvertes d'une couche de chaux peinte généralement en une vilaine couleur jaune; aussi les façades, auxquelles le reste du monument est toujours sacrifié, prennent un aspect de cartonnage qui les fait souvent ressembler à des décors de théâtre. Les coupoles mêmes sont quelquefois coupées en deux et, par suite, aplaties du côté de la sortie. L'ornementation générale est une bordure flamboyante jaune et blanche, sorte de rocaille lourde et prétentieuse qui semble être en sucre et complète ces colossales pièces montées dont l'architecte devait être quelque pâtissier.

L'immense fort, dont les nombreux bâtiments qu'il contient appartiennent au même style, possède une immense gateway d'entrée du même genre, l'une des plus grandes des Indes. A l'intérieur, une salle, la plus grande du monde, dit-on, convertie par les Anglais en arsenal; elle contient un grand nombre de canons, une mosquée, des casernes, un très large puits. Le bâtiment dans lequel ce puits est placé a plusieurs étages; des galeries répondant à chacun de ces étages permettent, en descendant de l'un à l'autre, d'arriver jusqu'au niveau de l'eau. Les trésors du vieux roi d'Oude sont, dit-on, enfouis au fond de ce puits, et l'Angleterre, nous dit un sous-officier, notre guide, maintiendrait prisonnier un vieux serviteur du roi d'Oude, possesseur de ce secret, et chaque jour, dans le fort même où il est détenu, cet homme doit répondre à l'appel. Potin de soldat, sans doute.

La Martinière, située à quelques milles du cantonnement, et construite par un aventurier français, le général Martin, il y a environ quatre-vingts ans, est un chef-d'œuvre de mauvais goût.

Ce monument est tout ce que le beau style renaissance surchargé de rocailles Louis XV peut donner de plus prétentieux et ridicule. Quatre terrasses étagées se terminent enfin par quatre arceaux à jour, deux anses qui se croisent et soutiennent pour le moment le drapeau britannique. Comme ornements, autour du corps de bâtiment principal, sur les deux premières terrasses, deux grands lions de pierre, isolés sur le bord de la terrasse, mais plats comme s'ils étaient en carton et dont les yeux sont éclairés la nuit par des lanternes; des statues dont la tête remue comme celle des magots chinois; de petits pavillons à moitié Louis XV, et comme décoration intérieure, des peintures Louis XV, dont quelques-unes assez bien exécutées et bien conservées, et toujours une profusion de rocaille dont heureusement nous n'avons aucun exemple en Europe.

A côté un vaste bassin, et au milieu une haute colonne.

La plupart des monuments de Lucknow, que je ne saurais décrire, sont immenses : il semble que leurs architectes ne pouvant se procurer ici ni pierre ni marbre, aient fait des efforts d'imagination pour dépasser en grandeur et en originalité les autres villes indoues. Efforts stériles à mon avis. Lucknow est cependant unique au monde en son genre d'architecture flamboyante. Plus on approche de ces immenses monuments, plus on se croit en face d'un simple décor, le lendemain de quelque entrée triomphale. Bibelots d'argent ciselé, étoffes, etc.

Cricket, polo et lawn-tennis, tous les genres de sport fleurissent au 10e hussards, et le colonel Wood a raison de parler comme il le fait, avec affection et fierté, des vigoureux et aimables jeunes gens qui forment son beau corps d'officiers du 10e hussards que, d'après la loi anglaise, il lui faudra quitter à son grand regret dans trois ans, terme de ses quatre années de commandement. Son père commanda également le 10e hussards.

Parti ce soir avec Seebach.

§ 5. — DELHI, LAHORE, AGRA

25 février. — Arrivé à Delhi, capitale des anciens empereurs mogols et de la cour la plus somptueuse qui jamais régña sur la terre. Il faut avoir lu au moins quelques pages de l'histoire de l'Inde, pour comprendre l'impression ressentie par le voyageur quelque peu instruit de ce passé magique, qui pose le pied pour la première fois sur le sol de l'ancienne capitale, témoin des plus grandes splendeurs comme des massacres les plus épouvantables. Au centre de la ville, la plus grande mosquée des Indes, la Djemna Musjid, rouge, avec ses trois coupoles de marbre blanc et ses deux beaux minarets, repose sur son immense piédestal, une véritable place exhaussée au milieu de la ville ; ses quatre faces sont en conséquence entourées d'un haut escalier, non interrompu, en grès rouge, comme la mosquée ; sur la face de la plate-forme qui regarde l'ouest, le Mirab ; les trois autres côtés sont bordés d'une gracieuse galerie couverte, dont le sommet repose sur d'élégantes colonnettes, avec gracieux pavillons aux angles. Trois grandes gateways donnent accès par ces trois côtés dans l'immense cour de la mosquée, en haut du vaste escalier qui en fait le tour.

Cette description, à part toutefois ce qui est dit de l'élévation, s'applique en plus petit à toutes les mosquées de l'Inde.

Pendant que je fais le tour de la cour, on m'exhibe au passage, dans un des pavillons des coins, trois poils rouges de la barbe de Mahomet soigneusement conservés sous verre dans une sorte de tabernacle.

Je sors de la ville entourée des hautes murailles rouges à la crête festonnée adoptées par les Mogols, et devant moi s'étend la plaine clairsemée à perte de vue de coupoles et d'innombrables vestiges de monuments musulmans, et cela sur un espace de 45 milles carrés.

Ce fait s'explique par l'incessant déplacement de la grande capitale, dû tantôt aux envahisseurs qui détruisent des quartiers entiers, tantôt aux caprices des différents empereurs, toujours désireux de dépasser en splendeur leur somptueux prédécesseur.

Dans cet immense champ de merveilles abandonnées se découvrent presque à l'infini des monuments encore debout, grâce à leur solide construction de grès rouge, qui comptent parmi les plus merveilleux de l'Inde. Les plus considérables sont le mausolée de l'empereur Humayoon et celui du vizir Sandur Iang, dans un beau jardin; puis d'autres tombes moins considérables, mais bijoux d'architecture, vraie guipure en marbre ciselé, et à moitié cachées dans la verdure; la salle aux 64 piliers, où se trouvent inhumés le fils, la femme et d'autres parents d'Akbar, le Grand Mogol; les tombes du prince Mirza, Jehangir, etc.

Je ne parle pas des quelques monuments bizarres que l'on voit encore dans les environs de Delhi, tels que le Kotub, immense tour de forme conique, ce qui la fait paraître encore plus élevée qu'elle n'est réellement, laquelle tour fut construite par je ne sais quel Mogol ou rajah, dans le but chimérique de faire apercevoir à sa fille le Gange du haut de la tour; le pilier en fer qu'un autre fit un jour enfoncer jusqu'à 60 pieds en terre avec l'intention de tuer le serpent qui supporte le monde, etc. Ces bizarreries restent sans intérêt au milieu des merveilles d'art qui les entourent. On voit aussi un puits de 40 pieds de diamètre, profond de 70 et contenant 40 pieds d'eau croupie, dans lequel des naturels n'hésitent pas à se précipiter pour quelque menue monnaie : ils font leur entrée dans l'eau nauséabonde raides comme des barres de fer, les pieds les premiers et les deux jambes collées l'une à l'autre ; quelques-uns agrémentent leur rapide descente de cabrioles ; une sortie leur est ménagée de plain-pied avec le sol à hauteur du niveau de l'eau.

Visité à Delhi le fort et les appartements du grand Mogol, taillés dans le plus pur et plus fin marbre blanc incrusté d'or ou de pierres précieuses ; c'est là que se trouvent ces constructions délicates qui, avec le Taj, constituent les plus belles merveilles de l'Inde, sous forme de délicieux pavillons, de petites galeries couvertes, de grandes salles, de terrasses, de coupoles allongées ou rondes, blanches ou dorées, toujours gracieuses, qui couronnent comme d'une riche et délicate broderie les hautes murailles rouges de la citadelle. C'est là que sous un plafond décoré par les joailliers de Delhi encore aujourd'hui célèbres, estimé 170.000 livres sterling, se trouvait le fameux *Peacock throne* en or massif, œuvre de Austin de Bordeaux. Le dossier, formé par la queue déployée du paon, était couvert de pierres précieuses, alors que le siège, d'une autre décoration, était entouré de perles magnifiques ; le tout estimé par le joaillier français Tavernier 6 millions de livres sterling. Des ombrelles, insignes de la royauté, en velours brodé et orné de perles, servaient à abriter l'empereur. Ces richesses furent pillées lors de l'invasion des Mahrattes. Au bout, les salles de bains, également en marbre blanc.

Au milieu du fort, la mosquée de la Perle, petite, mais tout en marbre blanc et avec trois coupoles d'or; une véritable perle.

C'est moins encore par le choix et la richesse de la matière employée que par l'harmonie de leurs proportions, l'élégance et la pureté de leurs lignes, que brillent toutes ces délicates constructions; le palais de Shah Jehan, l'époux de la célèbre Taj Mahal, ou les tombes des environs. Le regard reste charmé et confondu à la vue de ces riches guipures de marbre auxquelles le soleil donne les chatoiements du satin, tandis que les pierres qui y sont incrustées semblent une inimitable broderie. Tapis et tentures ont, hélas! disparu; mais quelque chose de féminin s'exhale encore de toutes ces délicatesses : on pense aux impératrices célèbres; il semble que des fées, l'aiguille à la main, aient travaillé autrefois à ces richesses si dignes d'elles, et qu'un coup de baguette ait donné ensuite à leur travail la consistance nécessaire pour rendre impérissable la parure dans laquelle est mort Delhi, la souillant de son propre sang après l'avoir si souvent maculé de celui de ses ennemis. Le beau cadavre n'est pas encore complètement dépouillé, et de tous les coins du monde, les artistes doivent venir admirer ces derniers lambeaux.

Les beautés de Delhi sont l'œuvre d'artistes italiens au service de Shah Jehan, qui sut attirer à sa cour le génie et le goût de la renaissance. Ces Italiens, artistes de premier ordre, surent admirablement tirer parti de l'habileté et de la patience des Indous, ces admirables tisseurs de châles. On s'étonne moins de ce qu'on voit quand on songe que de tels artistes guidaient de semblables ouvriers et que le Grand Mogol ordonnait ces travaux.

Visité quelques petits temples indous en ville. Dans l'un, Mahadeo, si choyé à Bénarès, est terrassé par la terrible déesse Kali; un autre, dans une petite ruelle près de la mosquée, est d'un travail non moins remarquable que les merveilles musulmanes dont j'ai parlé plus haut.

Acheté bijoux et étoffes du Penjab et de Kashmir; départ le soir, à 9 h. pour Lahore.

26. — Décidément l'Inde, dont le nord touche aux plus belles montagnes du monde, et dont le sud à Ceylan nous offre une des plus riches végétations, est bien, au milieu, le pays le plus plat et le plus fastidieux pour le voyageur.

27. — Arrêté à Umritsir. Visité le temple d'or de style indou, avec soubassement en marbre blanc sculpté jusqu'à trois mètres du sol environ; le haut, y compris bien entendu le toit et les coupoles, est revêtu de plaques dorées.

L'intérieur, pas très grand mais très soigné et très propre, est décoré d'enluminures de Kashmir (travail de papier mâché). Dans les pièces du haut, car le temple a deux étages, le chatoiement excessif au milieu duquel on se trouve est encore augmenté par les nombreux verres de couleurs dont sont formées les portes et les fenêtres.

Le temple d'or le plus brillant des Indes, on me croira

sans peine, se mire dans les eaux tranquilles d'un tank, ou étang sacré au milieu duquel il est placé (les ablutions font décidément partie de toutes les religions orientales). Il repose sur une plate-forme de marbre qui permet d'en faire le tour ; une chaussée de marbre y donne accès aux fidèles et aux visiteurs, pourvu toutefois qu'ils soient déchaussés.

Un gros jeune homme fort bien portant est confortablement assis au milieu de la pièce principale du rez-de-chaussée, un chasse-mouches à la main. De temps à autre il lit aux fidèles assis en face de lui quelques versets des livres sacrés. Les Sicks n'adorent pas autre chose que certains livres sacrés, aussi pas une idole dans le temple ; devant lui également, du riz, des grains, de la menue monnaie, offrandes des fidèles.

Les Sicks sont particulièrement énergiques pour des Indous et exempts des préjugés des Brahmanistes ; ce ne sont pas encore les Afgans, mais c'est mieux que les autres Indous. Sans eux, l'Angleterre eût été chassée des Indes, lors de la mutinée de 57 : ils se refusèrent à tremper dans les massacres ordonnés par Nana Saïb, et, les premiers, désertèrent sa cause ; ils forment aujourd'hui les meilleurs cipayes et les meilleurs policemen.

Été chez fabricant de châles, acheté étoffes. — Arrivé le soir à Lahore.

Ici plus rien de l'art italien ni du goût des artistes de la renaissance. L'arrangement est purement oriental dans la ville sick ; une quantité innombrable de petits balcons en bois tourné dans le style de ceux du Caire, mais tout badigeonnés et peinturlurés un peu comme les galeries intérieures des maisons d'Alger, semblent autant de petites cages accrochées extérieurement le long des maisons. Les oiseaux qu'elles contiennent sont souvent des jeunes femmes accroupies dont on aperçoit au travers des barreaux ou par la petite tabatière réservée, les grands yeux curieux et méchants. En poursuivant, j'arrive dans un quartier moins animé et moins coloré en apparence que celui que je quitte ; il est habité par de malheureuses femmes qui affectent, bien à tort, de se faire voir et affichent, comme toutes les femmes de l'extrême nord, des prétentions à la couleur blanche, qu'elles soulignent par un masque de peinture sur la figure, ce qui les rend laides à faire peur. Au centre de la ville, une vieille mosquée revêtue d'un curieux travail : les murs sont entièrement revêtus d'une sorte de mosaïque de faïence ou d'émail. Au lieu d'être de simples carreaux, ce sont des fleurs ou des arabesques découpées qui s'enchevêtrent admirablement les unes dans les autres, et sont depuis des siècles fixées à la pierre par un ciment granuleux spécial; un vrai jeu de patience avec des pièces émaillées. Le ton général en est fort riche, et la porte de ladite mosquée laisse bien loin derrière elle la fameuse porte de Bou-Meddin près Tlemcen, si souvent reproduite par nos artistes. Je vis des exemples du même travail au fort très important d'ici, mais où l'enluminure et le mauvais goût oriental, vraie débauche de clinquant, me semblent avoir atteint leur paroxysme. Le revêtement complet de certains halls se compose de petits morceaux de miroirs enchâssés et juxtaposés.

Au sortir du fort, la tombe Ranjeet-Singh, une des plus coquettes et des plus légères constructions de style indou, en marbre blanc. En face la mosquée d'Aurang

Zeb ; puis, en dehors de la ville, de l'autre côté de la rivière, dans un joli jardin, le mausolée de l'empereur Yehangir ; une autre terrasse carrée avec minaret à chaque angle, assez beau travail de pierre rouge incrustée de marbre et de mosaïque de faïence. Non loin du mausolée, le jardin que son fils et successeur Shah Jehan fit construire à Lahore, sa principale étape lorsqu'il se rendait dans la vallée de Kashmir avec sa femme Taj Mahal pour y passer l'été. (Voilà une femme qui fit remuer bien des pierres, sans compter les pierres précieuses qui décorent le Taj et celles qui servaient à sa propre parure.) Ces jardins appelés Shalimar (*house of joy*), un des vestiges typiques de la grandeur mogole, et les premiers dont j'aie l'occasion de parler, sont en grand la reproduction de tous les jardins des grands seigneurs de l'Inde, particulièrement des Mogols, qui semblent être les importateurs de ce plan invariable tant en Kashmir que dans l'Indoustan. Ce jardin dessiné à la française est bien disposé pour le déploiement de la pompe mogole ; il comprend trois terrasses, pour ne pas dire trois jardins successifs, ruisseaux dallés et bassins de marbre avec série de jets d'eau (ce jardin en contient, dit-on, plusieurs centaines, je crois 500 au moins), végétation exotique, palmiers, dattiers, alors que dans le sud de l'Inde on ne rencontre guère que des cocotiers (beaucoup plus beaux que les dattiers du reste). Les chameaux sont d'un usage journalier en Penjab, tant pour les cavaliers que comme attelages, surtout comme charroyeurs ; ceux qui sont employés par le gouvernement sont d'une taille colossale.

Très beau cercle à Lahore, avec magnifique salle de fêtes, jolie installation du government house du Penjab.

Partis le soir pour Jeypoore; vrai désert de Delhi à Jeypoore : quelques montagnes, d'abord isolées, semblent des rochers émergeant en mer, quelques vastes crevasses toujours; un pont d'un mille sur une rivière sèche, un vrai fleuve de sable.

JEYPOORE

Arrivé à Jeypoore à 6 heures du matin. Nouvelle décoration d'un autre genre, celle-ci ne faisant pas seulement l'ornement des différents palais du fort ou des anciens monuments comme à Lucknow, mais de toutes les maisons dans les deux larges artères de la ville. La plus petite maison se cache ici derrière une pompeuse façade couverte d'une sorte de torchis rose bordé de blanc. De cette bordure se détachent souvent des dessins blancs. Quelques-unes de ces façades sont quelquefois à elles seules des monuments très compliqués, qui comprennent dans un espace relativement restreint un nombre incroyable de petits escaliers extérieurs, de petits pavillons accolés, de kiosques, de petits dômes, de pignons et surtout de petites lucarnes, qui, du haut en bas, les font ressembler à d'immenses pigeonniers blancs et roses. — Des tigres en cages, le long de la rue principale.

Beau jardin anglais public du mahrajah; bien entretenu : beaux tigres. Le rain place (sorte de petite serre, où l'on fait tomber la pluie à volonté). L'immense palais du mahrajah, avec terrasses successives, est orné de belles étoffes de la longueur de deux étages, qui pendent le long des murs sur certaines faces; grandes salles de réception, dont une surtout, suivant l'usage adopté par beaucoup de mahrajahs, forme un énorme bâtiment isolé au bout de ces jardins, qui ne comportent pas moins de jets d'eau que le Shalimar de Lahore. Tout au fond, tank énorme avec des crocodiles. D'immenses écuries ouvertes, en hangar, à l'orientale, font le tour de plusieurs cours et ne comprennent pas moins de deux cents chevaux, on y voit de très beaux arabes.

Je vais, avec Seebach, sur un éléphant appartenant sans doute au mahrajah et que notre guide a déterré je ne sais où, visiter la résidence d'été du mahrajah, située dans un endroit sauvage resserré, escarpé, à quelques milles de Jeypoore. Encore un immense palais, nouvel échantillon de la miroiterie de Lahore. Le palais, bien qu'élevé, est encore dominé par deux forts, au mahrajah.

Achetons, à l'hôtel, boucliers, sabres et autres armes du Ragputana.

Départ pour Agra.

AGRA

Arrivés à Agra à 9 heures du matin. Aussitôt après déjeuner, nous prenons une voiture pour aller voir le Taj.

A peine a-t-on le temps d'admirer la belle gateway d'entrée, qui sert de cadre au tableau le plus merveilleux que Seebach, qui arrive d'Occident, et moi d'Orient, ni qu'aucun autre homme ait jamais, je crois, contemplé. L'élévation de la grande porte et sa distance du mausolée, sont tellement bien calculées que son cintre encadre admirablement le Taj, qui apparaît juste en son milieu et frappe du premier coup les esprits les plus prévenus.

C'est, dit-on, à la pleine lune qu'il faut voir le Taj, ce que j'aurai le bonheur de pouvoir faire ce soir même; aussi, malgré une longue station cet après-midi au Taj et dans le joli jardin exotique, orné, bien entendu, de bassins et de jets d'eau, au milieu duquel il est placé, ne me rappelé-je guère rien de spécial à cette première visite, si ce n'est qu'ébloui par tout ce marbre blanc, au milieu duquel nous devions ressembler à deux mouches dans du lait, je fus obligé, à plusieurs reprises, de fermer mes pauvres yeux brûlés par la terrible réverbération qui nous entourait.

Avons visité le fort dans la journée, Seebach et moi; toujours les grandes murailles de grès rouge de Delhi, à l'intérieur une belle et célèbre mosquée tout de marbre blanc. Les appartements de marbre de l'empereur Akbar, le Grand Mogol, couronnent les murailles du côté de la rivière. A peu près comme à Delhi, la même série de dômes, pavillons et terrasses, bordées de ces mêmes petites balustrades de marbre travaillé, qui vous arrivent à mi-jambe, et sont si commodes, à condition de s'asseoir par terre. Un fragment de plafond superbement décoré a été restauré par ordre du prince de Galles lors de son voyage aux Indes.

Été voir également de l'autre côté de la rivière le mausolée d'Akbar, construction bizarre tout en marbre blanc, composée de trois terrasses superposées, très légère d'aspect, quoique considérable, trop légère même; la tombe, de marbre comme le reste, est placée au centre de la terrasse supérieure; beau jardin environnant.

Vu également le mausolée du vizir Khan Shirar.

Retournons au Taj avec Seebach, après dîner.

A peine sortis de la ville, notre émotion commence rien qu'à la vue du léger nuage blanc formé dans le ciel par le dôme du Taj, et cette émotion ne fait que s'accroître à mesure que nous en approchons, jusqu'au moment prochain où il va nous porter, et où nous le toucherons de nos mains,

Je vous laisse à penser si nous nous arrêtons sous le porche de la grande gateway où nous apparaît tout à coup le Taj à 200 mètres, semblable à un de ces lointains délicieux que l'homme ne saurait atteindre, pas plus que l'horizon de la mer ou quelque admirable rêve chimérique.

Bien que nous n'en soyons ni l'un ni l'autre à notre premier clair de lune tropical, ni l'art ni la nature, nous semble-t-il, n'ont produit cette apparition qui n'est pas de notre monde, éclairée qu'elle est d'une lumière surnaturelle.

Les formes exquises de ce beau nuage sont fixées à jamais, et cependant nous restons, malgré nous, cloués à le contempler de peur qu'un seul mouvement ne nous gâte notre vision, alors que chaque pas, au contraire, semble l'embellir.

Enhardis par nos premiers pas, nous descendons le large escalier qui conduit de la grande gateway à l'allée droite de l'entrée, non sans nous arrêter à chaque marche, et nous entrons de plain-pied dans le Merveilleux. Nous traversons le jardin longeant le long bassin de marbre, au milieu du calme pénétrant qui baigne le Taj et achève de nous troubler.

Nous montons par le petit escalier dérobé qui donne accès sur la terrasse au milieu de laquelle est placé le Taj, nous entrons et, intérieurement, autour de la grande balustrade travaillée à jour et, comme les quatre façades extérieures, richement incrustée de pierres précieuses, ainsi que dans les niches du pourtour, nous allumons des feux de Bengale qui éclairent jusqu'en haut l'intérieur de la coupole.

Après une promenade sur la terrasse uniquement troublée par le bruit de nos pas sur le marbre, nous allons nous asseoir en silence sur une marche au pied d'un des quatre minarets placés aux quatre angles de la terrasse.

Le pied des autres minarets se garnit peu à peu de voyageurs, j'allais dire de pèlerins, qui partagent notre extase. Et le temps passe sans que ni un pas ni une parole ne trouble le silence du Taj et sans qu'on s'en aperçoive.

Qu'attendons-nous tous ici, transportés dans le pays des rêves (celui-ci revient souvent à qui l'a vu une fois)? Si ce n'est que Taj Mahal, par une permission spéciale du ciel, ne sorte de son tombeau et ne fasse sur cette terrasse, mieux faite assurément pour le glissement d'un gracieux fantôme que pour nos bottes, le tour de son dernier palais. Malgré toute la pompe des Mogols, elle n'aura jamais rien vu de si beau ni de si pur. Il est fort à craindre toutefois que son premier mouvement ne soit péché d'orgueil en voyant que rien n'a jamais été fait de si beau et de si poétique pour aucune autre femme, ni pendant sa vie ni après sa mort, fût-elle déesse, comme elle impératrice, voire même la vierge Marie des chrétiens.

On a reproché au Taj d'être un peu trop féminin. On pourrait aussi bien, il me semble, l'en féliciter. Je ne crois pas que Mme Sarah Bernhardt elle-même ait jamais rêvé un si beau et si poétique mausolée.

Cet empereur Shah Jehan est loin d'avoir été ce que l'on aimerait à se le représenter, et sa femme Taj Mahal pas davantage. Envoyé d'abord par son père pour commander l'armée contre les sultans du Deccan, Shah Jehan s'entend avec le général ennemi, épouse sa fille Taj Mahal et annonce à son père grande victoire ; l'amour peut excuser cette faute ; mais ensuite il essaie en vain de voler les trésors de son père, se révolte et fait assassiner ses deux frères pour leur voler leurs droits au trône. Une fois empereur, sa première pensée est une pensée de vengeance, il n'a rien de plus pressé que d'aller assiéger à Ougli les Portugais qui avaient refusé de lui prêter leurs canons pour s'en servir contre son père, et amène ce qu'il peut de prisonniers à sa femme Taj Mahal qui avait manifesté le désir de les voir tous massacrés sous ses yeux à Agra, pour n'avoir pas servi son ambition. Malheureusement pour elle, elle mourut un peu trop tôt (à quarante ans) pour jouir de ce spectacle. Ni les Portugais ni les Portugaises emmenés en captivité n'y gagnèrent rien, du reste.

Shah Jehan oublia très vite Taj Mahal et commit beaucoup d'autres cruautés par simple fantaisie ; il avait seulement par vanité commandé un mausolée qui fût un monument plus beau, plus riche que tout ce qui existait précédemment ; il comptait en faire faire un pareil pour lui-même de l'autre côté de la rivière, et joindre les deux monuments par un pont ; il tomba, par bonheur pour nous, sur un génie italien. Cependant c'est un Français qui, dit-on, acheva le Taj. Il faut donc savoir gré du Taj à l'architecte italien qui, à propos de ces deux brutes, ou plutôt les oubliant, composa la délicieuse et touchante poésie dont est saisi pour la vie quiconque a la bonne fortune de voir le Taj.

Aurang-Zeb, le fils de Shah Jehan, se débarrassa violemment de son père et de ses deux frères, devint empereur à son tour, et les fils d'Aurang-Zeb se battaient encore entre eux, après s'être également révoltés contre leur père, pendant que l'empire mogol s'écroulait de toutes parts.

Parti à 6 heures du matin pour aller à 23 milles d'Agra pour visiter les ruines de Futipur Sikri, fondée entièrement par le Grand Mogol, et sa première résidence jusqu'à ce qu'un saint personnage attaché à sa personne lui eût déclaré que la gaieté et le bruit de sa cour commençaient à l'incommoder, et qu'il fallait que l'empereur avec sa cour ou lui-même décampât.

Akbar se mit aussitôt en mesure de fonder Agra, et laïssa bientôt le saint homme à ses méditations.

Futipur Sikri, fondée sur le sol même de grès rouge, est, dans son ensemble, ce qu'il y a de plus colossal aux Indes, bien qu'il ne reste guère aujourd'hui que les ruines du palais.

La plus grande gateway des Indes, je crois, son élévation intérieure est de 72 pieds, et extérieure de 120.

Près de la demeure d'Akbar, celle assignée à Sonora Mahal, sa femme, chrétienne. Le Pauch Mahal ou les cinq palais. Le Devan khas ou chambre du conseil. Le Guru ki Mundi. Le palais de la sultane de Constantinople, le Mint, les écuries, le Bir Bal's palace. La porte de l'Éléphant et enfin la tour dite aussi de l'Éléphant, hérissée de dents d'éléphant, toujours en pierre rouge, le tombeau de l'éléphant préféré de l'empereur. Le tout, colossal, en grès rouge, quelquefois travaillé avec un soin minutieux; on y voit parfois des attributs indous; une sculpture à moitié détruite actuellement sur la maison de la Chrétienne, représentait, dit-on, l'Annonciation; tout était possible de la part d'Akbar, et sa tolérance était extrême. Les jésuites doivent avoir gardé bon souvenir de la munificence du Grand Mogol. Cette architecture extraordinaire ne ressemble à rien. De tout cela il ne reste bien entendu que des assises parfois considérables de pierre rouge souvent sculptées avec grand soin.

Au milieu du palais une curieuse tombe de marbre admirablement travaillé, mais d'un dessin bizarre, la tombe du saint homme susnommé, je crois.

Au retour, avant notre rentrée en ville, nous visitons les prisons d'Agra. Les prisonniers, la laine et un petit couteau à la main, sont assis devant des métiers et travaillent à la dictée, à la confection de tapis. Les plus beaux sont commandés par le Louvre et le Bon-Marché de Paris.

A notre rentrée en ville nous remarquons de jolis petits balcons en grès rouge sculptés. C'est aujourd'hui, paraît-il, l'anniversaire d'un fait mémorable dans la mythologie indoue : celui du jour où le dieu Shiva fit à je ne sais quelle déesse une blessure sanglante et si grave que son immortalité elle-même n'en saurait voir la guérison. Alors tout ce peuple est comme fou pendant plusieurs jours, et les natifs d'Agra passent leur temps à se saupoudrer de poudre rouge pailletée de grains brillants. Le sol de certaines rues est cramoisi et nous-mêmes également. Le soir les rues sont fort animées, des garçons déguisés en bayadères dansent aux lanternes, mascarades, feux de Bengale; mais aucune femme dehors. Adieux à Seebach.

Le lendemain les natifs achèvent de se teindre en rouge et de se poudrer, les rues aujourd'hui sont absolument rouges; certains affectent de se promener avec des vêtements maculés de sang; on se croirait au milieu d'une des plaies d'Égypte, c'est dégoûtant. Musiciens et braillards le soir dans les rues.

Les banks offices étant fermées pendant les fêtes indoues et également pendant les fêtes chrétiennes ou nationales, je devrai encore attendre quelques jours, paraît-il, pour toucher de l'argent dont j'ai besoin. Un employé que je finis par rencontrer, veut bien cependant me donner 150 rupies, qu'il déterre au fond d'un sac isolé.

La fête indoue n'est pas encore finie, c'est 500 vierges, paraît-il, que le dieu Shiva blessa cruellement, et c'est de ses exploits que tous ces braillards du pays me rebattent les oreilles d'une manière si discordante. Aujourd'hui ils se fourrent de la boue jusque par-dessus la tête.

Muni enfin de mes 150 rupies, je quitte ce soir ce sale peuple.

Arrivé à Mezut à 8 h. du matin. Trouvé Curling à la gare. — Logé chez lui. M. Curling encore malade. Réception le soir à son régiment, le 68e Durham light infantry. Retrouvé amis du 10e hussards.

Courses le même jour, toutes parfaitement courues par des officiers. Le lendemain continuation du grand interregimental Polo Tournament, et le surlendemain très belle lutte finale entre les Rifle brigade et le 10e hussards, déjà victorieux l'année dernière, qui gagne encore cette fois, à la grande joie de Mme Wood, très fière de son charmant régiment.

Le polo, originaire de Kashmir, est fort en honneur aux Indes où les poneys sont très bon marché d'achat et d'entretien. « Le jeu des Anges, Monsieur, » me dit Gonenwood, le principal champion du 10e hussards; lui joue comme un ange. C'est ici du reste que se joue la plus belle partie du monde.

Déjeuner au 1er dragons guard retour du Cap, où il fit prisonnier le roi Cetiwayo, avec major Tompson qui me conduit dans le cantonnement que son colonel est justement en train de faire visiter à son collègue, le colonel Wood. Ici le personnel natif au service de MM. les chevaux est, je crois, encore plus nombreux qu'à Lucknow; en outre, derrière chaque cheval, dans un trou creusé avec soin à cet effet, un vase d'étain à son service particulier. Des gardes d'écurie, natifs, de service autour des écuries, guettent le moment où lesdits vases deviennent utiles, et grâce à cette active et incessante surveillance, la litière se conserve abondante et presque immaculée,

Réception au 68e Durham bataillon. Je me trouve à côté de lord Compton, lieutenant au 10e hussards, qui me décide à aller en Kashmir.

Adieux à Curling et au bataillon où j'ai retrouvé la même cordiale et luxueuse hospitalité qu'à Lucknow.

Apprends au gouvernement du Penjab à Lahore que

le mahrajah est encore pour quelque temps à Jumoo. Je prends le parti d'aller directement à Srinuggur, quitte à revenir par Jumoo.

Parti le matin de Lahore pour Rawal Pindi. Le train, à partir de Jelum, traverse une nature sauvage et mouvementée; passé le seul tunnel que j'aie vu aux Indes. Crevasses et grandes aiguilles de terre végétale dans la campagne inculte. Plus le train monte vers le nord, moins il marche. Arrêts, lenteurs.

Arrivé enfin à 11 h. 30 min. du soir à Rawal Pindi.

Été le lendemain matin trouver le lieutenant Farrer qui part justement le soir pour l'Angleterre, mais non sans me présenter avant son départ aux quelques officiers présents au cercle du 8e hussards. Le régiment est d'origine irlandaise, et bien qu'il n'y ait en ce moment aucun officier irlandais au corps, ce dernier n'en a pas moins très consciencieusement fêté la veille Saint-Patrice; il me semble que le régiment a un peu mal aux cheveux ce matin.

Drag de chacal dans la journée, avec la meute du régiment; je m'embourbe deux fois dans des fondrières. Le lieutenant Le Galey, qui m'a prêté un excellent cheval, me fait une nouvelle politesse et vient m'y rejoindre, nous en sortons aussi dégoûtants l'un que l'autre. Je fais le soir au mess connaissance des autres officiers. Déjeuné à l'hôtel le lendemain matin.

Je ne puis rester plus longtemps sans laisser enfin échapper la protestation d'un pauvre estomac français qui commence à me fatiguer de ses réclamations, chaque jour plus amères, contre la nourriture des hôtels aux Indes, en dépit du thé et du claret de M. Laffite et autres célèbres fournisseurs qui restent insuffisants à calmer les susdites protestations.

La cuisine est faite avec une espèce de graisse écœurante qui fige presque instantanément ; aussi vous sert-on ragoûts et côtelettes sur une espèce de boîte de faïence pleine d'eau soi-disant chaude. Un trou, près du bord, presque jamais bouché, sert à l'introduction de l'eau chaude ; rarement je crois à son remplacement, de sorte que la sauce s'introduit à l'intérieur à chaque repas ; aussi Dieu sait tout ce que contient votre assiette ! mais vous jamais, à moins qu'elle ne se casse. Dieu merci ! cet affreux accident m'a été épargné. C'est le nez tendu sur cette boîte ou tirelire à graisse nauséabonde qu'il vous faut déjeuner et dîner. L'inévitable carry lui-même n'est pas toujours exempt de cette horrible graisse ; le dégoût devient invincible ; aussi ai-je pris le parti de me contenter d'œufs et de viande froide, et grâce à ce moyen j'arrive à vivre très confortablement dans ces hôtels construits tous, du reste, sur le même modèle.

Comme presque tous les bengalows, ils se composent uniquement d'un rez-de-chaussée, couvert d'un immense chaume. Au centre, le salon et la salle à manger, communiquant généralement entre eux et éclairés par les deux extrémités du bengalow. Alentour les chambres, et extérieurement de vastes cabinets, chaque chambre a le sien, où se trouve tout le confortable nécessaire aux besoins et à la toilette des voyageurs, y compris l'inévitable et précieux tub toujours rempli d'eau. Chaque cabinet ouvre extérieurement, c'est par ces différentes portes extérieures que s'en fait le service incessant, sans jamais déranger les voyageurs dans leur chambre. Les bengalows du gouvernement et ceux des particuliers sont également construits sur cet unique plan, on ne peut plus confortable.

Le lieutenant Vood me guide le lendemain dans Rawal Pindi et m'aide très obligeamment à monter ma popote (lits, waterproofs, vivres, monnaie d'argent, vaisselle, etc.) ; retiens un bearer et un cuisinier, et sans m'adonner au polo, lawn tennis, cricket, je pars le surlendemain en donga pour Meerut, ma première étape dans l'Himalaya, station d'été à 40 milles de Rawal Pindi et à 5,330 pieds au-dessus de la mer.

La donga en usage dans tout l'Himalaya, sur le versant indou, est une petite voiture à deux roues et à quatre places, d'une seule pièce, construite comme la charrette anglaise, mais très basse, traversée par conséquent par l'essieu et recouverte d'une capote fixe ouverte devant et derrière. Deux chevaux la traînent. A l'extrémité d'un court timon se trouve placée une tringle de fer transversale qui repose sur le dos des deux chevaux et joue librement au travers de sellettes *ad hoc;* un poitrail large comme une bricole est fixé à la sous-ventrière et les traits se trouvent supprimés. De cette façon les chevaux s'aident, pour tirer, des épaules et du dos et ils peuvent en outre galoper indéfiniment sur les routes, sans imprimer le moindre balan à la donga.

Par exemple, si les chevaux sont un peu hauts, ceux qui sont assis par derrière n'ont qu'à se bien tenir.

Les routes sont détrempées, mais grâce aux relais parfaitement organisés, nous arrivons avant la nuit.

19 mars. — Il pleut de plus en plus ; — ne puis encore découvrir l'horizon ; suis malade, passé journée à boire du thé et à fumer du tabac des Indes. On pourrait, je crois, indistinctement boire l'un et fumer l'autre, tant ces deux produits locaux se ressemblent par leur insipidité. Pour changer, je bois de la bière d'une petite brasserie sise à côté, auprès d'une source, très légère, mais très mauvaise.

20. — Arrivée de mes bagages, de M. Radcliffe et de sa femme. Ils vont également en Kashmir; lui et moi sommes les premiers voyageurs de la saison. Lui se presse pour trouver les baracings ou grands cerfs, avec leurs énormes bois; moi pour être de retour à l'époque où, m'a-t-on dit à Calcutta, se font les grandes chasses aux tigres et avant le dernier pig slicking de Meerut.

§ 6. — KASHMIR

21 mars. — Les coolies et le poney que Mme R... a acheté à Lahore sont prêts. Nous répartissons pour le mieux notre bagage sur le dos de nos hommes, puis départ. R... et moi faisons, pour commencer, nos 10 milles à pied, et pendant les derniers milles nous longeons pendant une heure la vallée encaissée du Kanaïr. Tout en haut du versant opposé, des villages sont perchés d'une façon si hardie, que je n'ai jamais rien vu de pareil ni en Kabylie ni en Suisse. On ne comprend pas comment les habitants peuvent en sortir, voire même ne pas dégringoler dans le torrent de temps à autre. — Premières chèvres. — Couchons le soir à Daywal dans un des bengalows que le mahrajah a eu l'attention d'échelonner le long du chemin à l'usage des voyageurs. Munis chacun d'une paire de draps, nous affrontons la saleté de ces bengalows hantés par les natifs, les cent-pieds, les scorpions et quantité de menue vermine.

22. — Partis à poney à 8 h. du matin. Marchons pendant 2 heures pour gagner la pointe de la petite croupe encaissée sur laquelle se trouve Daywal et qui sépare les deux vallées du Kanaïr et du Jelum, avec vue tantôt sur l'un tantôt sur l'autre de ces deux torrents, mais sans jamais apercevoir le fond d'aucun d'eux, tant ils sont encaissés; les poissons seuls, du reste, peuvent suivre le fond de ces vallées. Commence pour nous le mugissement du Jelum dont nous allons suivre la vallée jusqu'à Srinuggur. Cette musique va nous poursuivre jour et nuit pendant huit jours, jusqu'à ce que, sortis enfin de ce long et étroit corridor, nous ayons monté jusque dans la vallée de Kashmir et trouvé les beaux lacs silencieux d'où s'échappe le bouillonnant Jelum. Après une descente de plusieurs autres heures, nous arrivons enfin à Kohala, la première halte située au confluent même du Kanaïr et du Jelum. Nous ne faisons qu'y déjeuner. Après avoir traversé pour la première et dernière fois le Jelum sur un beau pont suspendu, nous entrons dans les États de H. H. le mahrajah de Kashmir, et nous repartons pour doubler l'étape. Deux routes se trouvent devant nous, spectacle que nous ne verrons plus de sitôt; l'une longeant le torrent n'est pas encore terminée, paraît-il ; l'autre qui monte à pic, et que nous prenons forcément; celle-là est bien finie et archifinie.

Nous partageons avec nos poneys quelques terreurs, et tantôt les poussant avec les jambes, tantôt les tirant avec les bras (les jambes ne se reposent guère toutefois à ce double métier), nous arrivons enfin à Chattar.

Nous continuons à suivre pendant six jours ce long défilé du Jelum ; notre sentier tantôt s'élève jusqu'à plus de mille pieds au-dessus du Jelum, tantôt il n'en est plus qu'à 2 ou 3 mètres. La route ne s'améliore pas et Mme R... a été prudente de s'équiper aussi bien pour le cheval que pour la marche, portant nickerboker et guêtres sous une simple jupe courte. Ce qu'elle a de mieux encore c'est son courage et sa bonne humeur inaltérable ; quand elle fait elle-même la paye aux coolies, elle les range sur un rang, donne à chacun son dû, mais pas plus ; elle fabrique en 5 minutes un sac pour le sucre, et peut faire cent cartouches en 20 minutes, et si nous stoppons le dimanche, ce n'est qu'après avoir doublé l'étape et fait plus de 20 milles la veille.

A Kara, un naturel, à cheval sur deux peaux de bouc gonflées, se lance dans le Jelum, toujours mugissant et large de 40 à 50 mètres ; ses jambes sont ses seuls moyens de tenue ; ses mains, dont il se sert comme de pagaies, ses seuls moyens de conduite : une véritable équitation maritime. Après quelques sauts et rapides tête-à-queue de la monture dans les remous, ce hardi et vigoureux cavalier nous revient ; nous lui donnons une rupie qu'il a bien gagnée, car cet homme démonté serait perdu.

Même séance à Tindali. — Toujours troupeaux de magnifiques chèvres.

Beaux feux dans la montagne la nuit à Hallian, feux qui font repousser l'herbe plus vite, — arbres fruitiers, — petites caravanes venant du Thibet. Entre Razza et Tindali entrevoyons sur la rive opposée la petite ville en terre de Mozufferabad. A Ouri, situé sur un petit plateau, la vallée commence enfin à s'élargir un peu ; — trouvons un tout petit village et tout en haut un petit fort; un pont plus que rustique traverse le Jelum en cet endroit. Une sorte de câble forme le tablier, deux autres les deux rampes; de petites cordes relient ces trois câbles de distance en distance. Les moyens de traverser le Jelum sont, comme on peut voir, assez variés, mais peu commodes; je me félicite pour ma part de n'avoir eu qu'une fois à le passer et d'avoir trouvé un joli pont suspendu de façon anglaise.

Nos deux dernières étapes, Rampore et Baramula, longent le bord du Jelum à quelques mètres.

Premiers déodars (beaux cèdres très communs dans l'Himalaya, bien qu'ils n'affectent jamais la belle forme parasol de ceux de Temet el Had en Algérie, ou du Liban). Le déodar joue un grand rôle en Kashmir, c'est lui qui sert à construire toutes les demeures kashmiriennes, bateaux ou maisons, dans la confection desquelles n'entre pas autre chose. Les natifs vivent dans le déodar. — Petites ruines sans intérêt spécial, semblables à toutes celles de la vallée, où nous finissons par nous hisser, nous et nos bêtes, en suivant une traverse, le lit à sec d'un torrent très encaissé, aux bords dénudés.

Arrivés au sommet, le plus beau spectacle auquel nous puissions prétendre s'offre à nous, bien qu'un peu brumeux, la pluie nous ayant repris aujourd'hui : c'est la vue de la plaine, c'est l'*happy valley*, le paradis, comme l'appellent Indous et mahométans de l'Indoustan et nombre d'auteurs ou de poètes anglais (Thomas Moore, surtout, que l'on voudrait toujours citer, bien qu'il ne soit jamais venu dans ce pays). Par exemple, il en est de ce paradis comme de notre ciel : pour s'y trouver, il faut d'abord y monter.

Nous redescendons pendant un mille environ jusqu'au bengalow de Baramula, petite ville kashmirienne sur les bords mêmes du Jelum, que nous retrouvons large et calme comme un lac. En face, la petite ville sur la rive opposée. Cette petite ville adossée aux montagnes qui forment, avec celles que nous venons de franchir sur l'autre versant, la passe de Baramula par où le Jelum s'échappe de la vallée, est, ainsi que le pont en rondins situé en face du bengalow, semblable à toutes les villes et ponts de la vallée, qui ne sont eux-mêmes qu'un diminutif de Srinuggur.

La première chose qui nous ait frappé à Baramula, et cela très heureusement, c'est le tablier du pont qu'il nous faut passer, en forme de toit avec arête au milieu, forte pente de chaque côté et absence presque absolue de garde-fous, disposition d'autant plus digne de remarque pour nous que les rondins sont mouillés et très glissants. Les piles du pont sont formées de larges couches superposées de rondins s'élargissant encore dans le haut.

Nous ne fûmes pas médiocrement surpris non plus de voir l'herbe et les coquelicots pousser dru sur les toits des maisons et les chèvres y brouter. Dans tous ces intérieurs mal clos, par les portes et les fenêtres ouvertes, ou à travers les fenêtres fermées et découpées à jour, aussi bien que dans les rues, il nous est facile de constater dès aujourd'hui que la réputation proverbiale de la saleté des Kashmiriens n'est pas usurpée.

Renvoi définitif de nos coolies dont quelques-uns nous suivent depuis Murree, et des poneys, sauf celui de

Mme R... qui ira à Srinuggur par terre. Trois bateaux se trouvent le matin devant le bengalow, un pour les R..., un pour moi, un pour nos hommes. R... et moi emmenons en outre un petit canot de chasse. Bateaux plats, 20 mètres sur 2, portant un roof en nattes d'herbes plates et larges. C'est avec délices que nous installons là-dessus lits, bagages, fusils, livres, albums, etc., notre chambre en un mot. Un tout petit coin en dehors du roof est réservé à l'arrière pour le batelier, sa femme et ses enfants. Le temps se gâte, mais bien à l'abri et bien tranquilles, nous le narguons de nos appartements respectifs, et lentement poussés par une petite pagaie en forme de cœur, nous partons vers 9 heures.

A midi, la flotte se réunit pour déjeuner, on devine à peine les montagnes environnantes à travers la brume. Alternatives de pluie et de soleil. — Enfin le soir, un peu après notre arrivée à Spoor, le temps se nettoie et à nos yeux se dévoile un magnifique panorama. Ce n'est plus la chaude coloration de l'Indoustan; la netteté des contours est bien un peu altérée; mais quel grandiose et délicieux grisaille Dieu, le grand maître qui en est l'auteur, nous offre ce soir! Les montagnes de l'Himalaya qui nous environnent, à peine estompées, sont faites de rien ou presque rien, la tonalité générale est d'un gris perle exquis. Les sommets neigeux papillotent comme d'immenses blocs d'argent brut, et le lac Woolar lui-même semble de l'argent liquide. Heureux pour mon repos de ne pas être un peintre de talent, plus heureux encore de n'en pas être un médiocre, je me contente d'admirer. Dîner au bengalow, mais nous revenons ensuite avec empressement coucher chacun à notre bord,

Nuit un peu troublée par les enfants qui sont à bord et les chacals qui chassent dans la vallée, mais quel réveil!

Un soleil splendide qui toute la journée va nous chauffer le dos, pendant qu'à plat ventre dans nos petits canots de chasse nous traverserons tranquillement le lac Woolar en tirant des canards qui, n'ayant pas été chassés encore cette année, se laissent approcher assez facilement, sans parler de ceux, moins méfiants encore, que nous surprenons dans les touffes de roseaux et qui quelquefois ne songent même pas à faire usage de leurs ailes pour nous échapper.

Rien d'étranger, pas même une autre barque, ne vient troubler cette belle et réconfortante journée que nous passons loin de la rive et des hommes, si ce n'est de temps en temps le bruit de nos coups de fusil et celui des pagaies « frappant en cadence les flots harmonieux du lac Woolar ». Délicieuse journée de chasse et de repos.

Le passage de nos canots fait seul frémir les roseaux et les lotus, pas une ride sur le lac, et nous ne voyons même pas remuer à notre approche le bout du bec des hérons, qui semblent connaître l'édit du mahrajah défendant de les tirer, pour une raison que j'ignore ; peut-être les adore-t-on ici comme dieux de la patience. A notre gauche, la terre est indiquée tout simplement par une très mince ligne verdâtre supportant quelques saules ou platanes isolés, d'un vert Corot, qui se reflètent tranquillement dans le lac et se détachent sur un fond lilas de montagnes. Ces teintes s'accusent à mesure que le soleil descend, et les montagnes deviennent d'un franc et admirable violet pendant que le soleil couchant vient colorer en rose les sommets neigeux dont nous sommes entourés de toute part. A ce moment nous rejoignons nos petits appartements flottants qui, tirés par les bateliers, ont lentement suivi la rive. Couché le soir à Shadipoore.

Avril. — Dès le matin, à peine en route, nous sommes assaillis par des marchands de toutes sortes venus en bateaux, qui escaladent les nôtres à l'abordage, nous offrant leurs services, des bonbons, et leurs livres couverts des commandes et des signatures des gentlemen qui vinrent l'année dernière chasser en Kashmir, et restent encore après nous avoir donné leurs cartes. Nous déjeunons à la hâte sous un gros platane de la rive et faisons, une heure après, notre entrée dans Srinuggur placé au milieu de la vallée. La rue principale qui traverse la ville n'est autre que le Jelum lui-même. Les eaux étant basses en ce moment, toutes ces boîtes en bois qui composent la ville se trouvent situées au-dessus de nos têtes, mal assises sur les bords rongés par les eaux de la rivière, ou mal soutenues par des pilotis dont pas un n'est droit. Nous passons devant le palais du mahrajah, aussi délabré que le restant de la ville, et nous trouvons enfin, à un demi-mille environ au-dessus et sur les bords de la rivière, la rangée de bengalows que le mahrajah met gracieusement à la disposition des étrangers. Peu après nous arrive le baboo préposé au casernement, qui nous installe, les R... et moi, dans l'un d'eux qui contient plusieurs chambres réservées, paraît-il, aux gentlemen mariés.

Il nous remet un papier où sont imprimés les différents articles d'une convention passée entre les gouvernements anglais et kashmirien et qui nous met au courant de nos devoirs : défense aux étrangers de résider dans l'intérieur de Srinuggur, d'y séjourner après une certaine heure, etc. Les Anglais, d'après cette convention, ne peuvent accorder plus de trois cents permissions à des sujets anglais de venir passer la saison en Kashmir. Le résident anglais n'est pas encore arrivé et nous ne trouvons ici en fait d'Européens qu'un commerçant anglais, M. Russel, qui a obtenu tout récemment droit de résidence, et un clergyman qui ne tarde pas à venir informer les R... des heures des offices. Deux Français, qui ont depuis longtemps droit de résidence à Srinuggur, sont absents en ce moment. Le bengalow est cerné par des natifs qui viennent nous offrir des articles de chasse en cuir, sortes de sandales appelées chaplis, des kiltas (sorte de paniers recouverts de cuir, servant de valise, et commodément disposés pour les porteurs) ; des porte-cartouches, du mobilier de campement de modèle anglais, des couteaux à dépecer, etc. L'année prochaine ils offriront des fusils... Passons notre temps les jours suivants à visiter les différents magasins, marchands d'étoffes, où nous achevons de nous équiper, pour la chasse, en laine du pays, turbans, etc. Voyons ailleurs émaux sur cuivre, sur argent, sur laiton, papier mâché, bijouterie, etc... le tout d'un travail particulier et d'après lequel l'enluminure (on le voit du reste rien que par les schalls) semble être le goût dominant de ce peuple, si négligent dans sa tenue cependant, si malpropre sur lui et si incolore.

Srinuggur est situé à 5.276 pieds au-dessus de la mer, sa population est de 150.000 âmes dont 20.000 Indous seulement (il est vrai qu'en Kashmir les mahométans sont partagés en deux sectes rivales : les Sunées et les autres ; le sang coula même encore dernièrement entre elles en 1874, à Hanamabad, City lake). A part le Jelum, deux canaux latéraux et un troisième qui ne tarde pas à gagner la campagne, la ville ne se compose plus que de petites ruelles très malpropres bordées de maisons délabrées qu'on est bien obligé de voir de près, ce qui ne rend pas bien agréable les promenades en ville, chez les différents marchands : rien au bazar. Chez Summud Shah, le grand marchand d'étoffes, nous visitons un métier de châles. Les métiers sont faits de mauvaises ficelles toutes plusieurs fois raccommodées, et de lattes en mauvais état ; j'en ai vu jusqu'à quatre dans une pièce de 4 mètres carrés. Un enfant, ayant à la main un papier graisseux qui lui indique la série des couleurs, fait mouvoir le sien de l'autre main et des pieds. Quelques-uns, comme à Agra et à Umritsir, travaillent à la dictée.

Une partie notable de la population vit sur les bateaux, sur les roofs analogues à ceux des bateaux qui nous ont amenés ; ce sont de beaucoup les mieux logés de la ville, car à Srinuggur pas une maison ne ferme. Quelques roseaux ou un peu d'écorce de bouleaux du pays protègent uniquement parfois les planches du toit ; les fenêtres sont toutes faites de déodar découpé à jour, sorte de grillage de bois que les natifs doublent de papier l'hiver ; mais comme ils n'ont pas ici de papier japonais et que nous touchons à la fin de la saison, le papier est encore en bien plus mauvais état que le grillage ; quelques rares maisons sont en briques, mais si peu de plâtre entre les briques et tant de jour entre les planches ! Ces maisons de bois léger et de papier ne tiennent même pas debout, pas une seule n'est droite et pas une ne s'appuie sur sa voisine dont elle semble se défier. De celles qui sont sur le bord de l'eau beaucoup sont à peine assises sur le bord de la rivière, leur façade est soutenue par deux vieilles et maigres jambes de bois, dont le pied repose au fond de l'eau. Celles-ci ne savent pas toujours comment elles finiront, si elles glisseront du derrière, ou piqueront en avant. Leurs habitants savent seulement qu'un jour ou l'autre, plus ou moins prochain, ils iront avec leur maison dans la rivière, s'ils n'ont pas la prudence de la quitter à temps ; quelques-unes d'elles finiront par une glissade de flanc. Il est facile de prévoir le sort des autres à première vue, quelques-unes semblent porter un défi audacieux aux lois fondamentales de l'équilibre.

Les maisons de Srinuggur, dit le guide anglais (le hand book du docteur Ince), sont à plusieurs étages, il serait plus juste de dire à plusieurs soupentes.

Construites avec soin, propres, avec leurs toits de velours vert, quelques-unes d'entre elles formeraient de délicieuses petites boîtes, extrêmement coquettes, voire même de vrais bijoux.

Le costume des habitants est aussi incolore que leurs maisons ; les hommes ont généralement des vêtements blancs fort sales, les bateliers portent le pantalon large et court des bateliers de tous les pays, et les montagnards ont les jambes serrées jusqu'au genou, dans des bandes de laine grossière du pays, comme les gentlemen qui viennent chasser ici, ou comme des chevaux à l'écurie. Les gentlemen, pour moins effrayer les animaux, adoptent aussi très fréquemment le turban.

Les Indous se reconnaissent souvent, comme dans toute l'Inde, aux marques distinctives de leur caste qu'ils portent peintes sur le front. Les femmes musulmanes portent une petite calotte rouge, les Indoues une blanche. A part quelques bayadères errantes qui usent parfois dans la journée leur uniforme, en particulier un pantalon de soie qui leur serre étroitement le bas de la jambe à partir du genou jusqu'à la cheville, et des chemisettes, toutes les femmes sont uniquement et disgracieusement vêtues d'un énorme sac de laine grise, percé d'un trou pour la tête et de deux à hauteur de ceinture pour passer au besoin les mains généralement occupées à l'intérieur. Ce vêtement est simple et très décent, à condition cependant qu'elles ne lèvent pas les mains au-dessus de leur tête pour donner un balan vertical à un lourd tronc d'arbre, destiné à l'écrasement du riz et du grain. Si ce vêtement n'a même pas l'élégance de nos robes de chambre, il est en revanche bien plus commode. Par le même trou que la tête de la mère, passe souvent aussi celle de son enfant quand il n'est pas occupé à téter ; de l'autre main la mère porte généralement en cette saison un petit réchaud destiné chemin faisant à chauffer tout l'intérieur du sac ; et puis, comme ce discret vêtement est commode pour se gratter, et dame ! en Kashmir, cet avantage est appréciable !...

L'été, les chemises sont d'étoffe plus légère, en coton ; mais il ne semble guère que les Kashmiriennes en changent en dehors du renouvellement de saison. Quelques femmes sont belles et, sans être, comme elles en ont la prétention, des femmes blanches, elles sont moins noires que les Indoues de l'Indoustan ; il en est de même des hommes. Les jeunes filles, dès leur bas âge, ont les cheveux partagés en une infinité de petites tresses minces qui tombent sur leur dos, leurs joues et leurs épaules, et sont continuées et reliées entre elles par du poil de chèvre ou d'étroits rubans noirs. Cette coiffure ne doit pas être un mince travail, aussi il ne paraît pas qu'on la renouvelle souvent : serait-il réservé à leur futur mari de dénouer tout ce travail un jour? Voilà un privilège qui ne serait guère enviable, quelque jolies que puissent être quelques-unes de ces jeunes filles. Cette résille tombe quelquefois très bas et se termine par un riche gland qui touche terre.

Quantité de petites ruelles noires et tortueuses descendent au Jelum; c'est sur les quelques marches qui les terminent qu'on voit les femmes venir chercher de l'eau, on en voit rarement laver : quelques petites cabines en bois émergeant du Jelum semblent encore moins solides que les maisons; elles sont réservées aux baigneurs, mais paraissent peu fréquentées.

Les mosquées, dont une célèbre, la Shah Hamadan musjid, sont de petites maisons sous un véritable clocher, hérissé en son milieu de quatre autres petits clochers horizontaux de moindre importance, sorte de bonnet de fou auquel le temps aurait enlevé ses clochettes; ce qui, vu le délabrement qui l'entoure, n'a rien de discordant. Une autre plus ancienne, la Jumma musjid, bâtie par Shah Jehan, est une grande salle très haute, dont le plafond est supporté par de beaux troncs de déodar de 30 pieds de haut environ.

Les temples indous sont d'autant plus multipliés dans l'intérieur de la ville par le mahrajah actuel, que la grande majorité de ses sujets sont mahométans; ils sont tous du même modèle, très étroits, grossièrement blanchis à la chaux extérieurement, sans autre ornement qu'une petite porte, et surmontés d'un grand toit pointu de même forme que ceux des temples indous de l'Inde, mais sans ornementation et recouverts de plaques d'étain : une chandelle coiffée de son éteignoir. Un d'eux se compose de 4 ou 5 chandelles accolées les unes aux autres et de 4 ou 5 éteignoirs. Un dieu indou, personnage toujours de formes et d'attitude grotesques, est quelquefois peint au-dessus de la petite porte.

Le palais du mahrajah, aux balcons de bois édentés, sur la rivière, réunit tous les différents systèmes de toit de Srinuggur : ceux en herbes, ceux d'étain, ceux de bois ; il se distingue uniquement sous ce rapport par une coupole dorée, peu élevée, dont est coiffée, tout de travers, une petite tour de bois délabrée comme le reste. Grande salle de réception intérieurement revêtue d'enluminures de papier mâché et ornée de beaux bois de baracings disposés en appliques tout autour de la salle ; chaque andouiller forme branche et supporte par conséquent une bougie.

C'est du fort qui se trouve à l'entrée de la ville, sur une éminence qui la domine ainsi que toute la vallée, ou du vieux temple, qu'il faut voir Srinuggur revêtue de sa belle parure de velours vert. De là on ne voit guère que ses toits dont l'aspect vert ou vitreux se marie doucement aux reflets de l'eau et aux neiges des montagnes environnantes, frais spectacle. N'oublions pas de mentionner l'unique canon qui compose l'artillerie du fort et quelques soldats dont l'uniforme ne me paraît pas parfaitement défini par leur tenue.

Toutes les industries, y compris les bateliers, les siggaries, les ouvriers de toutes sortes, les bayadères même, tout ce qui fait quelque chose en un mot, est musulman ; les Indous sont fonctionnaires et ne font rien.

Aussitôt arrivé à Srinuggur j'ai fait porter au mahrajah par les soins du baboo, à Jemoo, ma lettre d'introduction, et je lui ai demandé en même temps l'autorisation de retourner aux Indes Anglaises par la route de Srinuggur à Jemoo, route privée du mahrajah. En attendant sa réponse, je vais chasser dans la jolie vallée du Sind pendant quelques jours.

Parti ce matin en bateau en même temps que les R... Cette fois les bateliers sont assez propres, la femme assez jolie, et les enfants ne crient pas. Mon cuisinier occupe ses loisirs à jouer de la guitare, c'est au son de cette musique que je vais dorénavant m'endormir et souvent aussi me réveiller, en Kashmir. On a vu des gentlemen qui, dans ma situation d'isolement et d'indépendance, se faisaient également suivre à la chasse, pour une somme relativement modique, de bayadères chargées de charmer leurs loisirs les jours de repos ou de pluie, et surtout, je crois, ceux des bearers et cuisiniers les jours de chasse; mais ce luxe est fort peu usité.

Dîné le soir à Shadipoore, par un froid glacial, avec les R... qui vont camper très haut dans la montagne. Échangeons nos adieux après dîner.

Déjeuné et quitté bateau à Guidarbal à l'entrée de la vallée du Sind, d'où je pars avec mon bearer, mon cuisinier, mon siggarie (sorte de piqueur, ou plutôt de chien de chasse) et mes deux porteurs. Quatorze milles dans la vallée, au bout desquels je plante ma tente. Pour être la route du Thibet par Leh et Yarkand, ce sentier n'en est pas meilleur; je n'en ai pas encore rencontré d'aussi rocailleux et accidenté; je dirais impraticable si je n'y avais passé, je ne sais encore comment, avec mon poney et mes hommes. La neige n'est plus qu'à 350 ou 400 pieds au-dessus de nous. La vallée est splendide; le Sind roule de jolies eaux verdâtres frangées de blanc; quelques arbres fruitiers en fleurs, déodars...

Mon siggarie me chausse de chaplis en herbes du pays, analogues aux siennes; heureusement que Summud Shah m'avait glissé dans mon sac des chaussettes fourchues avec le pouce séparé, le siggarie s'en adjuge une paire et nous partons par une pluie battante; les deux hommes-chats qui l'accompagnent sont partis devant à la découverte et reviennent en hâte nous signaler deux ours. Je me hâte de grimper, mais je suis bien vite par terre, haletant faute d'haleine. Je souffle un instant, arrive enfin et ne trouve plus que les volcelets de mes deux ours bien marqués dans la terre grasse. Je suis du reste encore si haletant, malgré mon arrêt, que je ne saurais viser en ce moment. Continuant à grimper, nous disparaissons nous-mêmes peu à peu dans la brume, puis au milieu de glissades inouïes sur des pentes de terre grasse fortement humide dont le pied va se perdre dans les cimes de déodars qui se trouvent à nos pieds : un grand baracing dix-cors m'apparaît au milieu d'une éclaircie au-dessus de ma tête; un des deux chats me tend ma carabine; mais de peur de rouler, Dieu sait où, sur cette pente glissante où je me tiens avec peine assis, je suis incapable d'étendre seulement un bras pour prendre mon arme. Cette vision de saint Hubert, moins la croix, dure peu de temps du reste, et nous nous retrouvons enfin

2 heures après au pied de ces diables de pentes, suivant de belles traces de baracings. Je n'ai jamais pu retrouver aucun animal par ce moyen qui peut réussir pour des gaillards comme mes trois siggaries, mais non avec un marcheur européen, toujours un peu bruyant, alors que le seul choc d'un bâton contre un caillou, ou un pas de travers est une imprudence.

Rentré à mon petit camp, harassé, trempé et peu engagé par ce début de chasse dans les nuages.

Les montagnes où j'ai chassé hier sont couvertes de neige ce matin; il pleut plus qu'hier, le temps est affreux.

La pluie continue. Un gentleman est venu, paraît-il, s'installer dans la vallée à ma hauteur, de l'autre côté du Sind.

Ce soir avant dîner, mes chats aperçoivent à la lorgnette des baracings en train de brouter tranquillement; vite nous grimpons à 150 mètres d'eux sans être éventés. Je prends quelques minutes pour souffler, trop peu, et je les manque; un siggarie monte et me rapporte ma balle qui a dû passer au-dessus de l'animal visé de la hauteur de son bras.

Beaux grands cerfs très clairs.

Le temps est très clair, j'en ai enfin fini en Kashmir avec le mauvais temps. Les premiers beaux jours seront pour nous. Je grimpe gaiement dans la montagne sans rien voir, déjeune et fais au sommet une sieste bien gagnée et d'autant plus agréable; mes siggaries pendant ce temps ne découvrent rien aux environs que quelques crottes de baracings, il y en a partout. A vingt pas de l'endroit où j'ai dormi et que nous venons de quitter, un aboiement strident retentit subitement derrière et à quelques pas de moi; je me retourne et suis bien surpris de ne rien voir; retournant la tête en avant, j'aperçois un bel ours qui a dû passer à ma droite pendant que je me retournais à gauche; juste au moment où il disparaît au fond touffu d'un ravin à 30 mètres de moi, je jette deux balles au jugé, mais bientôt mon ours reparaît grimpant au galop la pente opposée et disparaît à nouveau avant que j'aie eu le temps de recharger. Il est hors de doute que l'animal faisait sa sieste en même temps que moi à vingt pas, et que j'ai eu à moi plusieurs heures pour le tirer tranquillement pendant son sommeil. Vu encore baracings. Pour comble de vexation, l'express de mon voisin fait rage de l'autre côté de la vallée. Suivi longtemps les traces de l'ours, en vain bien entendu.

Me transporte 4 milles plus loin dans la vallée.

Ils ont décidément la manie de tordre et de tresser dans ce pays-ci. Au lieu de conserver leur foin en meules, ils le tordent et l'on voit, pendus aux noyers près des villages, d'énormes écheveaux de foin. C'est sur le linge qu'il faut les voir s'exercer! mais cela est commun à tous les blanchisseurs de l'Inde.

Suivi le matin dans la neige les traces d'un bel ours qui n'avait pas cinq minutes d'avance. Le soir en descendant, j'aperçois deux ours superbes qui marchent tranquillement l'un derrière l'autre. Cette fois nous n'avons qu'à descendre pour nous poster, heureusement pour mes poumons je l'avoue. Je tire l'animal à 20 pas au poitrail qu'il me présente, un peu avant qu'il arrive juste au-dessus de ma tête. J'ai la satisfaction d'entendre un rugissement à moitié étouffé et de le voir bondir subitement et rouler comme une énorme boule le long de la pente à 20 mètres au-dessous de moi; mais à peine en bas, le voilà déjà sur ses pattes qui disparaît au fourré, et je reste bêtement avec mon second coup; vite les siggaries et moi nous mettons à sa poursuite. De glissade en glissade suivant la bête au sang qu'elle perd abondamment, nous dégringolons pendant plus d'un mille la jungle très fourrée en cet endroit, ce qui a au moins l'avantage de multiplier les traces de sang. Nous finissons par arriver, moi aussi étouffé qu'un homme en vie peut l'être, au pied d'une pente à pic que mon ours a encore trouvé la force de gravir; et moi je n'en peux plus; la nuit venant en outre, je laisse mon siggarie continuer la poursuite pendant quelques minutes; force à nous enfin de remettre les recherches au lendemain matin.

13 avril. — A peine éveillé, je vois mon siggarie qui m'apprend qu'il a retrouvé ce matin au petit jour mon ours gisant. En effet, au bout d'une heure, six coolies me le rapportent péniblement; il est des plus beaux qu'on puisse voir dans le pays; ses dents, sauf les crochets, sont toutes jaunes et usées à fond, et ses griffes énormes.

Reçu dans la journée, apportée par son siggarie, une lettre très aimable du gentleman qui chasse de l'autre côté de la rivière, captain J. Leith Ross des Kings own Borderers, avec un cuissot d'ibex tué par lui ce matin. Ce gibier, le plus difficile à atteindre et qui ne réside que sur les plus hauts sommets, est avec raison le coup de fusil le plus estimé en ce pays-ci. Son siggarie garde, derrière la tête, les marques qu'un ours blessé lui a imprimées il y a huit ans. Été dans la journée remercier captain Ross qui a fait une chasse superbe ces trois derniers jours : trois ours, dont deux petits; deux baracings, dont un dégringola jusqu'au fond de la vallée ; un ibex.

Son côté, le versant nord, moins boisé, est peut-être moins giboyeux que le mien; mais étant plus élevé, il offre plus de surface et il est plus facile à l'œil d'y découvrir le gibier; mais la chasse doit y être terriblement pénible. Tiré des petits oiseaux en revenant le long du Sind.

14. — Chasse infructueuse. Mon siggarie me fait espérer qu'en rentrant à Srinuggur par la montagne nous trouverons peut-être à tirer de petits snow bears, ou ours rouges, jolis petits animaux qui semblent tenir le milieu entre les ours dont ils ont l'aspect et la conformation, et les chiens dont ils ont les ongles, en place des formidables griffes des ours noirs, et se tiennent toujours dans les neiges.

15. — De Srinuggur ici, tant par le Jelum que par la vallée du Sind, j'ai décrit un arc de cercle dont je vais maintenant suivre la corde, pour rentrer dans la capitale du Kashmir, mais alors en franchissant la montagne au lieu de repasser par l'entrée de la vallée ; aussi ma journée de marche d'aujourd'hui sera-t-elle bien remplie. Je ferai une fois de plus l'expérience qu'en montagne les chemins les plus courts ne sont pas toujours les plus agréables. Une mère guenon à barbe grise vient nous présenter sa famille, ses huit enfants. Notre ascension se termine dans un mètre de neige; traces de baracings profondes de presque autant, et marquées à la surface par de longues raies. Arrivés au col, avons vue splendide quoique diffuse sur la vallée de Kashmir et sur Srinuggur à peine visible dans la brume ; un point brillant en indique surtout la place : le dôme du mahrajah qui luit comme une pâle étoile d'or ; à nos pieds, reflets vagues des lacs, fond non interrompu de montagnes neigeuses. La descente interminable, le long des pentes nues et rocheuses, devient vraiment épuisante bien avant l'arrivée au campement. Rien vu en fait de gibier que des vautours, tellement repus probablement de la viande de notre chasse, à Ross et à moi, qu'ils n'ont plus la force de voler et passent péniblement le col à pattes, à côté de nous, laissant le reste aux chacals que je n'ai pu apercevoir malgré un affût assez prolongé. Chemin faisant, un coolee venu de Srinuggur me rejoint et m'apporte l'autorisation du mahrajah de passer par sa route privée de Jemoo.

16. — Gagnons après une courte marche le jardin de Shalimar, le plus beau et le plus grand de tous ceux que les empereurs mogols aient établis dans le Kashmir, où ils venaient généralenent passer l'été. Cette plantureuse et fraîche végétation kashmirienne, dans laquelle dominent le saule, le platane, les peupliers dont les dimensions sont quelquefois inconnues, non seulement aux Indes, mais même en Europe, les nombreuses et abondantes sources, celles mêmes du Jelum que l'on voit dans le haut de la vallée, au pied des montagnes neigeuses, devaient être en effet, et sont toujours chose délicieuse à qui arrive comme eux des plaines brûlantes et brûlées de l'Indoustan, et surtout à qui n'avait jamais vu la fraîche végétation européenne. Ce pays est vraiment le paradis des Indes, l'happy Valley.

Shalimar, avec ses pavillons, ses colonnes de marbre noir, est installé comme tous les jardins des princes de l'Inde, à l'instar des vieux jardins français, avec bassins ornés d'innombrables jets d'eau remplissant les ronds-points de leurs gerbes humides, ou suivant les allées et procédant de chute en chute : le Trianon de Kashmir, disent les livres anglais. Le jardin est aujourd'hui livré au public. De nombreuses sociétés kashmiriennes, en costume de fête, s'y sont donné rendez-vous aujourd'hui.

Ce jardin a été fondé par l'empereur Jehan Jir. C'est là que Thomas Moore place les principaux et poétiques incidents de son célèbre poème : *the Light of harem*, entre Jehan Jir et sa célèbre et adorée épouse Nur Mahal.

A son extrémité, un véritable canal où je trouve mon bateau fait suite aux bassins et donne accès dans le City Lake, non pas étendu comme le Woolar Lake, mais resserré au contraire en plusieurs endroits, le plus joli, le plus animé, le plus gai, le plus délicieux, le plus chanté par les poètes natifs, par Thomas Moore et les autres poètes anglais, de tous les lacs de Kashmir.

Sous le petit toit qui abrite mon bateau contre le soleil, étendu sur mon lit, entre ma pipe, ma lorgnette et mon fusil, je fais une délicieuse promenade, tirant des canards et des poules d'eau ou longeant de charmants petits villages, de jolis petits bazars, ouverts sur le lac même, fendant les roseaux, glissant à l'ombre d'un gros platane ou d'un bouquet de saules dans les branches desquels on voit voleter les plus jolies fleurs animées qu'on puisse voir : des oiseaux blancs à longue queue argentée et ondoyante, à tête huppée d'un joli bleu ardoise dont les plumes et les petits poils sont d'une délicatesse incroyable. Ces inoffensifs petits animaux tout au soin d'animer et d'embellir leur demeure, trop confiants peut-être dans l'effet de leur beauté, ne sont que trop faciles à tirer. Les sous-bois de ces jolis bosquets sont tout traversés par de gais ruisseaux et tout tapissés de délicates petites herbes, quelquefois de mignonnes petites fleurs. Les platanes et autre arbres ont ici des dimensions inconnues chez nous.

Rentré enfin en ville par un canal bordé de splendides platanes. C'est sur ces bords, à l'entrée même de la ville, que se trouve le Chenar Bagh, superbe quinconce de vieux et droits platanes plantureux qui forment la plus belle colonnade que l'on puisse voir. Ce palace (comme on dit ici) à ciel ouvert est laissé par le mahrajah à la disposition des étrangers pour camper. Ce magnifique endroit, à certains moments de la saison, est couvert des tentes des gentlemen qui viennent passer l'été et chasser en Kashmir. Alors on y voit aussi de superbes trophées de chasse, et de différents points s'échappent, pendant les belles nuits d'été, les accords de la musique native pendant que de brillantes bayadères de Kashmir dansent gaiement devant les gentlemen à la lueur de nombreuses lanternes qui se reflètent dans le large et beau canal.

Logé cette fois aux bachelors bengalows. Je n'ai plus que du papier déchiré à mes fenêtres, au lieu de verre cassé. Été retirer et payer mes commandes. N'ai pu voir la fabrication du papier mâché, sorte de carton-pâte ou de laque dont on enduit ici les boîtes ou les petits objets de bois enluminés et décorés de sujets tirés des histoires et des légendes persanes, de bêtes invraisemblables, de chevaux bleus, d'ours crème, de singes rouges, etc.

On rencontre souvent peints sur ces boîtes, en outre des scènes susdites, le devil patron, le polo patron, le shall patron. (Dans ce dernier domine bien entendu le dessin de la palme.) Il semble cependant réservé aux châles et aux émaux, sortes de cloisonnés grossiers mais originaux et brillants de couleur, dont le procédé perdu pendant longtemps a, paraît-il, été retrouvé il y a cinq ans par un Anglais. Quantité de gentlemen arrivent pour chasser : un d'eux venu de Londres dans ce but spécial est déjà rentré à Srinuggur, il a tiré 11 fois et n'a rien tué; il vient reprendre un peu de moral auprès des arrivants. Ce monsieur est très consolant!

Trouvé poste anglaise installée; plusieurs beaux poneys sont arrivés pour les courses : le mahrajah donne 5.000 rupies par an pour les courses.

Été acheter têtes de baracing, d'ibex, de markhor; je laisse au marchand son unique peau de léopard blanc de neige qui est en trop mauvais état.

Le baboo m'apporte mon sauf-conduit pour la route de Jemoo, et je me mets tout de suite en route, continuant à remonter la vallée jusqu'à Banchal Pass où je quitterai le Jelum illustré par les victoires d'Alexandre le Grand, mais non sans avoir fait une dernière tentative de chasse de deux jours.

Campé à Pampoor; encore quelques jolis aperçus des hauteurs, sur la vallée de Kashmir, le lendemain.

Pendant cette nouvelle et dernière campagne je ne trouve que des traces et je ne les suis que trop; je ramasse chemin faisant de superbes ramures de baracings et mes exploits cynégétiques se bornent à tuer pour mon dîner des perdrix que mes deux lynx me découvrent piétant dans la montagne.

Je retrouve à Awantipoor mon bateau que j'avais laissé à Pampoor. Amas de ruines très anciennes et célèbres à Awantipoor. Si ce méchant village a jamais eu, comme a rapporté le Dr Ince, 3 millions d'habitants, c'est aujourd'hui un fameux exemple du retour des choses d'ici-bas. Ces deux petits villages, comme tous ceux que je viens de traverser, sont presque toujours, ainsi qu'un vieux feutre orné de quelque riche panache, flanqués de petits bosquets de saules, et leurs approches, spécialement les cimetières, semées de magnifiques touffes de grands iris violets ou blancs, qui embaument la campagne autour d'eux ; et si j'ai épargné quelques jolis oiseaux (il y en a peu en Kashmir, mais il en est de fort jolis), je ne fais grâce à aucune de ces fleurs qui parfument ma route jusqu'au sortir de Happy Walley. A Awantipoor je prends congé de mes trois siggaries.

27 avril. — Stoppé cette nuit à Bychara. Mes bateliers semblent ici s'être donné le mot avec leurs camarades des bateaux voisins, et mon cuisinier mélomane, bien entendu, pour me prouver que si les gondoliers de Venise ne chantent plus guère, les bateliers de Kashmir chantent encore ; par exemple ceux-ci auraient bien besoin d'apprendre à manier la godille comme les premiers ; il est vrai que les bateaux d'ici, fréquemment exposés à toucher sur des bas-fonds, sont tout plats et partant moins sensibles qu'à Venise. Leur humeur musicale serait-elle inspirée par l'endroit où nous nous trouvons? Cela se pourrait, car nous sommes arrêtés au milieu d'un ancien jardin mogol, et les bords du Jelum sont touffus comme nulle part ailleurs dans la vallée.

28. — Arrivé ce matin à Ranabal, le port d'Islamabad, où je congédie mes bateliers.

Enfin, arrivé au fond de la vallée, je vais, avant de la quitter, visiter quelques-unes des sources du Jelum, les plus belles, et les ruines de Martund, les plus grandioses et les mieux conservées de Kashmir, mais semblables aux autres. Ces constructions régulières et massives s'écartent autant du style indou que du style musulman. Le voyageur, une fois habitué aux constructions légères du pays, ne peut que s'étonner à la vue de ces grands amas de pierres de taille rangées ou dérangées, qui remontent à je ne sais quelle époque extrêmement ancienne et à je ne sais quel culte. Mais il ne trouve à les contempler qu'un médiocre intérêt. Une source prend naissance derrière la petite ville d'Islamabad, qu'elle traverse de part en part avec impétuosité, se frayant un passage sous les maisons par de petites voûtes, et à travers les murs et les rues ; quelques sources de médiocre importance sont aux environs. Ici les iris poussent sur les toits.

Les sources d'Atchibal, à quelques milles d'Islamabad, sont les plus importantes. Les eaux arrivent très abondantes dans un bassin, par un trou où passerait un homme; elles traversent ensuite un ancien jardin mogol dont elles sont le plus bel ornement. Leur marche bruyante va de terrasse en terrasse et de chute en chute. Au-dessus même de chaque chute est un pavillon.

Enfin, tout au fin fond de la vallée, sont celles de Vernag, étape chère à Jehan Jir. Un sombre bassin octogone, de 114 pieds de large et profond de 50, reçoit la source; autour de ce bassin retiré sont ménagées de petites retraites; il est resserré entre la montagne, touffue comme toute face exposée au nord, et le bengalow. Ce bengalow est percé d'une voûte par où s'écoule le bassin qui va former les belles chutes d'Atchibal. Des fenêtres du bengalow je réunis facilement autour de quelques bouchées de pain des nuées de poissons sacrés qui sont loin de manifester pour la nourriture chrétienne le même mépris que leurs brahmes.

Cet empereur Jehan Jir, pochard à certaines heures, était parfois aussi mélancolique; il exprima souvent le vœu de mourir à Vernag, le lieu de la retraite par excellence. D'ici aucune vue sur la vallée; de nulle part non plus on n'a vue sur Vernag. C'est ici que ce vieux sanglier aimait à séjourner en compagnie de la douce Nur Mahal, assure Thomas Moore.

Le roi d'Angleterre lui envoya un jour, par l'entremise de son ambassadeur Rol, vers 1618, un tableau représentant un affreux satyre mené par le nez par une séduisante nymphe. Dans la femme il reconnut promptement Nur Mahal et lui-même dans le satyre. Ce cadeau lui causa, paraît-il, une grande irritation que Nur Mahal eut toutes les peines du monde à calmer, à ce que rapporte l'histoire.

1er mai. — Parti à la première heure pour passer le Jumoo Pass (9,763 pieds) avant déjeuner. (La route du Pier Pinjal (11,400 pieds), l'ancienne route des empereurs mogols, est encore obstruée par les neiges et impraticable.) J'ai reçu ces jours-ci une lettre des R...; complètement cernés par la neige, ils eurent grand'peine à arriver à destination, et R... en est réduit à regarder passer ibex, markhors et baracings à distance sans pouvoir bouger.

Pénible ascension; non moins pénible descente très dure sur le roc nu. Déjeuné première halte Banahal, et reparti tout de suite après pour la seconde, où j'arrive à 9 heures du soir.

D'abord nombreuses rizières étagées sur les pentes de l'étroite vallée; on dirait un escalier de géants dans la montagne. Ensuite remonté à plus de mille pieds au-dessus d'un sombre et mugissant torrent plus encaissé encore que le Jelum, courant entre deux pentes aussi noires l'une que l'autre. Parfois il disparaît à nos yeux, le feuillage se joignant d'une rive à l'autre à des centaines de pieds au-dessous de nous. Belles chutes du torrent; aperçus admirables de temps en temps sur le torrent encaissé à plus de mille pieds au-dessous de nous. Effets sombres et saisissants. Redescendons. Passons sur un pont rustique un affluent non moins agité et encaissé, puis le Tchinab lui-même, belle grotte sur le bord du torrent. Arrivé à Raham Souk.

2. — Longue et pénible marche; quittons la vallée du Tchinab, pour monter celle du Chenaar, beau torrent de 50 à 80 pieds de large, plus calme que le précédent, heureusement. Chemin bien pire que celui du Jelum. De mauvaises assises en pierres sèches ou de simples branchages plantés dans le roc, à des hauteurs vertigineuses, supportent l'étroit chemin au-dessus d'un précipice de plus de 1,000 pieds quelquefois. Voilà un chemin qui réclame de l'entretien! De nombreux ouvriers y travaillent du reste.

Obligé de doubler le nombre de mes coolees des Banahal, les Indous étant bien moins robustes que les montagnards kashmiriens. Rencontré à l'étape M. Bigex retour de France et sa femme, un des deux Français résidant en Kashmir ; le mahrajah, qui l'aime beaucoup, le trouva souffrant à son passage à Jemoo et le renvoie par cette route. Nous sommes lui et moi les seuls Européens, avec un général anglais, autorisés à y passer depuis 2 ans. M. Bigex, occupé généralement à expédier en France des schalls et des loupes de noyer, rapporte cette fois-ci de France pour 500.000 francs de machines destinées à fabriquer du drap pour le compte du mahrajah qui a l'intention de faire, paraît-il, à l'avenir concurrence à l'Angleterre pour cet article. Un ingénieur français doit en outre arriver prochainement. Le mahrajah disposera de laines exceptionnelles, et j'espère qu'il n'écoulera que des produits également exceptionnels ; mais quels chemins pour amener ces machines ! Il n'y passe jamais que des piétons, des poneys et la litière du mahrajah. Il est à craindre que les différentes commandes n'éprouvent généralement un fort retard.

3. — Jolie gorge ; passons le Chenar sur un pont à la mode de Kashmir, d'apparence inquiétante ; belle route bordée de grenadiers, d'églantiers, de cerisiers en fleurs. Allons passer très loin de son embouchure, par un long crochet, un affluent du Chenar juste en face d'un petit fort planté au haut d'une longue aiguille de rocher dont l'ascension ne doit pas être commode; avec quelques coups de canon dans le haut on détacherait le fort en entier et on l'enverrait dégringoler tout d'une pièce à 100 mètres au fond de la vallée avec les quelques hom-

mes et les quelques canons qu'il pourrait contenir. Le Chinab fait justement un coude en cet endroit; je le quitte peu après pour faire une interminable ascension et arrive enfin dans une forêt de déodars. Quelques-uns sur ce sommet et quelques autres sur la crête opposée affectent la jolie forme parasol, mais n'ont pas les jolis reflets bleus des cèdres de Tenès. En cet endroit appelé Batoti, je ne trouve qu'une tente en fait de bengalow et n'en dors pas plus mal, au contraire. Nous revoyons ce soir le petit fort bien bas à nos pieds; quelques natifs nous assurent ici qu'il est armé, ce que je ne crois pas, et qu'il renferme des soldats, ce dont je doute. Quantité de tourterelles immangeables, beaucoup de perdrix aussi, dit-on.

4. — Deux marches, Dromtal et Odampoor. Je continue d'abord à monter pendant plus de deux milles au milieu des déodars et j'arrive enfin à un col superbe d'où j'ai une vue magnifique sur les derniers contreforts de l'Himalaya que je vais mettre plus de 15 h. de marche à descendre, tant aujourd'hui que demain.

Descente très pénible et rocailleuse au début sur le versant sud. Déjeuné à Dromtal dans la jolie vallée du Taon où je retrouve enfin un véritable chemin. Les moindres sources sur ce versant sont autant de petits tanks entourés d'un mur assez haut formé de pierres de taille, qui tapissent trois côtés du tank, ouvert du côté de la route seulement. Sur chacune de ces pierres est sculpté un de ces grotesques et insipides dieux indous dont la vue réjouit le mahrajah quand il se rend en Kashmir ou en revient.

Quitté Dromtal à 2 h. Délicieuse odeur de jasmin

pendant la première moitié de cette deuxième marche qui ne se termine qu'à 8 h. 30 min. du soir à Odampoor, petite ville avec bazar assez important.

Quelques dames n'hésitent pas à se montrer dans un fort joli site à l'ombre de grands arbres, dans le plus simple appareil, aux dieux indous de la fontaine.

Encore deux jours de marche avant d'arriver à Jemoo; tourterelles partout, paons sauvages et singes dans de jolies petites gorges. Passage du Chenab. A peine dans la plaine, retrouvé cactus et chaleur accablante. Arrive épuisé à Jemoo avec un poney non ferré bien entendu, qui n'a plus de pieds et que j'ai dû tirer péniblement par la figure plus de la moitié du temps pendant ma dernière étape, traversant des chemins étroits creusés par les pas de l'homme dans une sorte de sable agglutiné et aride, sortes de corridors où de gros hommes ne pourraient pas passer, et le lit en partie à sec mais caillouteux du Chenab que je retrouve au sortir de ce petit désert, coulant entre quelques dernières pentes douces sur lesquelles se trouve Jemoo.

Mon bearer, qui me précédait, a eu l'intelligence de m'annoncer et de me faire préparer, dans le bengalow des gens mariés et des visiteurs de distinction, un véritable appartement, non seulement confortable, mais somptueux. Jemoo, une des deux capitales du mahrajah de Kashmir (Rambeer Singh, de la famille des Radjput), et celle qu'il habite de préférence, domine le Chenab d'une quinzaine de mètres; elle est tellement entourée et cachée par la verdure que de loin on ne saurait la soupçonner autrement que par quelques toits de temples indous, qui percent à travers la verdure comme autant de clochers ; ce n'est qu'à mesure qu'on y pénètre que l'on s'aperçoit de ses dimensions. Bazar interminable tout bariolé de rouge et de vert ; temples indous très nombreux. Palais considérable du mahrajah. Enfin bengalow luxueux pour les étrangers, où j'arrive et bois d'un trait une bouteille de claret qui m'est offerte de la part du mahrajah qui se charge de pourvoir non seulement à mon logement, mais à ma subsistance durant mon séjour ici.

7. — Le mahrajah m'envoie à 9 h. du matin un éléphant plus haut que les maisons de sa bonne ville de Jemoo, qui me mène au palais où j'ai une entrevue avec H. H. le premier ministre, qui sait l'anglais et sert d'interprète. Une chose bien soignée, la plus soignée peut-être dans les États de Kashmir et Jemoo, c'est la barbe du mahrajah, dont les moustaches cirées se relèvent en pointe ; la pointe droite est prise au-dessus de ses yeux dans son turban, tandis que l'autre, plus extraordinaire encore, se tient droite toute seule comme son bon palais de Jemoo, pas celui de Srinuggur par exemple. La figure du mahrajah n'en est pas plus terrible pour cela du reste ; elle exprime au contraire une très grande douceur et de plus une très grande distinction.

Après avoir parlé quelque temps de M. Primerose, private secretary du vice-roi, l'ami personnel du mahrajah, celui même dont je tiens mes lettres d'introduction, le premier ministre, que l'on dit un homme intelligent, Divan Anatram, me demande si j'ai trouvé le peuple de Kashmir heureux et m'insinue que je n'ai dû rencontrer ni pauvres, ni maisons abandonnées, ni champs incultes. Après réponse affirmative de ma part, je me retire et trouve à mon retour, dans un petit bengalow voisin du mien, un Anglais au service du mahrajah, chargé d'organisersa musique et occupé à rédiger une supplique au ministre qui a oublié de le faire payer depuis quelques mois ; un autre Anglais, chargé de la construction de bateaux, est désespéré. Le premier, depuis 15 jours qu'il est ici, n'a pu encore réunir ses musiciens, il ne sait où les prendre ; il en est de même de l'autre qui cherche en vain les ouvriers qu'il est appelé à diriger. J'espère que la supplique de ces braves gentlemen sera couronnée de succès. Pendant que ces messieurs manquent de tout, ou à peu près, le bengalow où je loge est encombré de serviteurs et je trouve tout ici en abondance. Un éléphant vient me reprendre à 5 h. et me conduit cette fois au nouveau palais du mahrajah, construit en cinq mois pour l'arrivée à Jemoo du prince de Galles. Visité ce monument qui comprend d'immenses salles, dont la plus curieuse me semble être la bibliothèque ; outre des livres anglais, elle en contient un grand nombre en sanscrit, en persan, etc. On voit dans les salons quelques meubles en papier mâché, mais les principaux sont de fabrique européenne. Vitrines contenant des bibelots européens ; on y voit quelques belles pièces de faïence de Minton, offertes par la reine d'Angleterre, etc.

Je suis invité ensuite à m'asseoir devant l'entrée principale, en haut d'un monumental escalier, sur un des sièges disposés d'avance. Une foule nombreuse et curieuse remplit la place au bas de l'escalier.

J'assiste alors à des combats de coqs qui n'ont rien de

particulier, puis à des combats de béliers. A peine lâchés, un des deux animaux présentés charge l'autre furieusement ; celui-ci sans s'émouvoir tient tête, et reçoit le choc du premier sur le sommet de son crâne qu'il oppose habilement à la furie de son adversaire ; un bruit sec retentit, après quoi on emmène l'assaillant pour le relâcher de nouveau. Ce petit dressage est vraiment parfait. Le mahrajah ne venant pas, les combats d'éléphants n'auront pas lieu. C'est seulement lorsque, après avoir pris congé du secrétaire du mahrajah, je suis descendu de mon escalier et remonté sur mon éléphant, que le chef cornac se rapproche de moi ; il veut bien me donner une petite représentation particulière. Deux éléphants, poussés par leur cornac, recommencent avec beaucoup plus de lenteur ce que les deux béliers viennent d'exécuter tout à l'heure avec tant d'entrain et de décision. Un de ces éléphants force successivement tous les autres à reculer. Ce spectacle a d'autant moins d'intérêt que les muscles de l'éléphant disparaissent au milieu d'une peau plissée qui semble une fois trop large, de sorte que, dans les plus grands exercices de force, rien dans leur attitude ne trahit l'effort qu'ils font ; leur petit œil lui-même est sans expression. Je crois voir de lourdes machines inconscientes et mues par une force invisible. Mais tout ceci n'est que le commencement des plaisirs auxquels je suis convié aujourd'hui.

Rendu au palais du mahrajah, je le trouve installé sur une petite terrasse et prends place à côté de lui. J'arrive au milieu d'un concert d'instrumentistes du pays accroupis à nos pieds ; un vieux praticien très amusant, à la mine enjouée, nous fait entendre un solo de guitare du pays, qu'il accompagne de la voix et de ses mines, en excellent acteur comique qu'il est, de la manière la plus cocasse. Je prends malgré moi ma part de sa gaîté communicative, bien que je ne comprenne rien à ses racontars.

Les musiciens disparaissent ; derrière eux se tire un rideau, et un tableau vivant fort bien éclairé, et non dépourvu de grâce ni de fraîcheur, montre à nos yeux cinq dieux indous. Au milieu est celui à tête d'éléphant rouge ; d'autres sont au contraire représentés par de jolies bayadères.

Le rideau refermé, commence une petite comédie entre trois ou quatre personnages et une femme. A son brillant costume on reconnaît un roi dans l'un d'eux ; celui-ci porte, tant sur la tête que dans le dos, quelque chose comme un grand casque d'or fort élevé, qui entoure exactement jusqu'à ses épaules un lourd cadre plutôt encore qu'un casque, qui laisse cependant le passage libre à ses deux bras, dont l'un tient constamment un sabre nu ; il semble que le roi porte le dossier de son trône fixé derrière son dos ; des plumes de paon viennent encore ajouter leur effet brillant à celui que produit ce roi mirobolant. Les deux autres personnages, me dit le premier ministre assis derrière moi, représente des collègues à lui.

Le mahrajah lui-même est, comme ce matin, habillé de blanc très simplement, mais avec une excessive recherche ; l'étoffe de son costume est d'une finesse et d'une blancheur excessive et il serait impossible de trouver ailleurs des mains et une moustache aussi soignées.

Le mahrajah, qui paraît s'intéresser à cette représentation, veille à la mise en scène qu'il rectifie lui-même en faisant de temps en temps aux acteurs attentifs un geste pour les faire serrer, avancer ou reculer. Il paraît toutefois satisfait, et un dernier geste de lui fait grâce du reste aux acteurs, qui se retirent immédiatement en saluant, et à moi qui ne prenais à la pièce qu'un médiocre intérêt. On m'annonce quelques bayadères après mon dîner, et je descends dans une salle où je trouve préparé un couvert somptueux et un nombre considérable de verres dont, bien entendu, une coupe à champagne. Malheureusement, je suis tellement indisposé que je ne puis toucher à rien. Le mahrajah prévenu descend, fait appeler plusieurs médecins en turban. Le premier ministre, les fils du mahrajah, descendent aussi. Cette gracieuseté et tout ce personnel ne me remettent pas, au contraire. J'accuse les premières chaleurs de la plaine, puis je m'excuse moi-même d'avoir occasionné ce dérangement général, et me voilà obligé de prendre congé assez rapidement. On me fait alors avancer un jampan, sorte de chaise à porteurs découverte. A peine sous la première voûte, je n'ai que le temps de me faire déposer le plus rapidement possible, et au lieu de prendre mon dîner au palais, j'y laisse mon déjeuner, qui me tournait ferme sur le cœur depuis quelques moments. Je remonte soulagé dans mon jampan et retourne au bengalow. Une véritable pompe m'environne. D'abord des torches ; puis un docteur m'accompagne de chaque côté ; un homme suit avec un verre d'eau à moitié bu, un autre avec la théière, un autre avec ma tasse, plusieurs ne portent rien.

Dérangeons en passant une noce et quelques feux d'artifice. Je commence à rire avec tout ce monde qui, avant mon soulagement, me pesait bien. Après quelques phrases de politesse aux excellents docteurs qui m'ont accompagné, je me repose enfin en paix et bien seul.

8. — A mon réveil le médecin et le baboo sont près de moi qui me font signer une lettre en indoustani au mahrajah pour le remercier de ses bontés.

On dresse aujourd'hui dans la salle à manger du bengalow une table somptueuse pour quelques fonctionnaires anglais importants de passage à Jemoo.

9. — Comme j'avais fixé ce jour pour mon départ, le mahrajah m'envoie ce matin un éléphant qui me fait traverser la rivière en compagnie d'un personnage qui doit m'accompagner jusqu'au cantonnement de Syalkot en Punjab, à 24 milles de Jemoo; un autre éléphant transporte mes bagages. Je trouve sur la rive opposée la calèche du mahrajah attelée de deux bons chevaux qui, grâce à des relais placés tous les 6 milles, m'amènent rapidement au bengalow de Syalkot; une deuxième voiture attelée de deux hauts chameaux, dont un monté, amène presque aussi rapidement mes bagages avec un seul relais.

Arrivé à Syalkot, mon compagnon me déclare qu'il me faut écrire deux lettres, l'une au mahrajah, l'autre à son fils, pour les remercier du très bienveillant accueil que j'ai reçu à Jemoo, ce que je ferais de grand cœur si je connaissais l'indoustani. Il veut bien se charger de les écrire pour moi et je me contente de signer de confiance. Reparti à 2 heures par les dak voitures pour Vazirabad (27 milles), où je dois retrouver cette même ligne ferrée de Peshwar que j'avais quittée plus haut à Rawal Pindi il y a près de 2 mois.

On me fait mon lit dans la voiture suivant l'usage, et j'arrive le soir à Vazirabad pour prendre le train.

11. — Les sommets des maisons sont encore couverts de lits le matin dans les villages. Malgré la diligence que j'ai déployée pour mon retour, j'arrive à Meerut juste le jour du dernier pig sticking, sorte de steeple-chase une lance à la main derrière un sanglier. J'ai ainsi le regret de manquer un des plus jolis sports de l'Inde, peut-être le premier de tous. Je reprends immédiatement le train pour Simla.

12. — Arrivé la matin à Umballa, cantonnement, station de Simla,

En 4 h. par dak carriages, je me retrouve au pied de l'Himalaya à Kalka (38 milles); restent 56 milles à faire en touga dans la montagne. Service merveilleusement organisé, avec relais de bons chevaux tous les 4 milles; station militaire dans la montagne. Arrivé à Simla 10 h. du soir.

§ 7. — FIN DU NORD DES INDES ANGLAISES. — SIMLA.

13. — Été Péterhoff (government house). Retrouvé maison du vice-roi, Primerose, captain Bret, lord Campton nommé aide de camp du vice-roi, lord Beresford. Ces messieurs se disposent à partir après déjeuner pour se rendre à une fête des environs, à 8 milles de Simla. Primerose me prête un poney et je pars avec lui.

La route est encombrée de poneys, d'amazones, de jampans, de petites voitures japonaises. Arrivons enfin dans un fond très ombragé. Au fond de ce ravin sec, à l'ombre de beaux sapins, se remue un monde mêlé d'Anglais élégants et de natifs, et trente balançoires au moins, image du mouvement perpétuel, pendant toute la journée. D'un côté, sous une tente, est servi un lunch ou tiffin des plus somptueux. En face, assises sur les flancs de la montagne, plusieurs rangées de jeunes filles natives sont exposées. Nous sommes ici à la foire aux jeunes filles. Toutes ces demoiselles, brillamment parées des couleurs vives affectionnées en ce pays, et de tous leurs bijoux, se lèvent de temps en temps pour aller s'asseoir avec quelque jeune homme dans une des 30 balançoires. Un moyen comme un autre de faire tourner les têtes, et si après cela ces jeunes filles tournent mal, c'est qu'il n'y avait rien à faire.

Placé à table à côté de Mme Plewden, veuve d'un général français tué à Metz et remariée ici à un officier anglais.

Il y en a de fort jolies, parmi ces jeunes filles, qui semblent s'amuser à voir les dames et les jeunes misses anglaises les passer en revue. Elles portent toutes leurs dots sur elles; quelques-unes ont de fort beaux bijoux, d'autres en achètent à bon marché à l'entrée, j'en ai rapporté moi-même un stock pour quelques annas; quelques-unes ont une somme importante accrochée rien qu'après leur nez. Toutes brillent et reluisent. Les hommes eux-mêmes portent beaucoup de bijoux en Penjab.

Charmeurs de serpents, bayadères dansant en plein vent. La musique n'arrête pas, bien entendu.

L'ambassade birmane, venue à la fête, semble s'amuser beaucoup. Nous rentrons avant la nuit, laissant les jeunes gens faire marché le soir avec les mères. Le vice-roi n'est pas venu.

Simla, placé sur un col très étroit, ressemble à un vieux bât rapiécé place sur la maigre échine d'une grande et étique haridelle, et glissant d'un côté. La rue principale qui suit la crête est la seule dont la pente ne soit pas invraisemblable. — Villas et monde élégant, surtout du côté de Péterhoff, sans grande recherche toutefois; poneys au galop tout le temps dans les rues. — Vue resserrée en face sur les sommets neigeux.

Nombreux bengalows autour de Péterhoff sont affectés aux différents ministères, car tout le gouvernement au grand complet est ici en déplacement.

Reçu le matin lettre de Primerose avec invitation du vice-roi à dîner, et le soir une seconde lettre qui m'envoie chasser le tigre à Ulvur et me conseille de partir le lendemain matin. Ainsi fais-je, sans revoir personne.

ULVUR

Trouvé secrétaire du mahrajah et calèche gare d'Ulvur. Je traverse le superbe parc du mahrajah, passe au pied du palais de style européen et moderne qu'il habite généralement, et arrive à la presidency, chez « major Peacock, political agent », où je trouve M[s] Peacock et miss Peacock, belle jeune fille arrivée cette année d'Angleterre, d'où elle a rapporté de fraîches couleurs qui semblent défier le climat de l'Inde. Lunché, puis parti en calèche pour le campement de chasse. Au bout de trois quarts d'heure, obligé de quitter la route, je monte à chameau. Tout le long de ma route je rencontre nombre de paons sauvages qui se rangent à peine pour me laisser passer, et qui abondent autour des endroits habités, et deux troupeaux d'antilopes. Arrivé au camp, situé à l'ombre de grands banians, où je suis reçu par major Peacock, le docteur Mallen, MM. Jacob et Thompson, ingénieurs, les seuls résidents anglais du pays. Ces messieurs n'ont rien fait jusqu'ici; il ne fait pas encore assez chaud, paraît-il, et les tigres, après avoir mangé les buffalows que l'on attache le soir en différents endroits qui sont signalés comme hantés par les tigres, continuent à voyager et se moquent des chasseurs.

17. — Rien au rapport. Le mahrajah a pris ce matin avec son lynx une antilope, avant notre lever; il a en outre deux chitas. Nous allons nous-mêmes tirer deux antilopes dont nous apercevons un troupeau à peu de distance du camp. Le mahrajah vient nous voir à nos tentes; c'est un jeune homme de 22 ans, fort aimable et enjoué; il en est à son cinquantième tigre. Sauf son turban, il est habillé à l'anglaise. Nous nous amusons avec lui à abattre des kites, sorte d'émouchets planant au-dessus de notre camp, et avec les éléphants sur lesquels nous grimpons en nous aidant de la queue ou des oreilles, ce qui n'est pas une gymnastique bien commode. Prenant l'un d'eux par les oreilles, il nous passe sa trompe entre les deux jambes et nous envoie lui-même sur sa tête où il nous laisse nous débrouiller; nous les affolons avec des kites blessées dont ils paraissent d'abord épouvantés; agacés; ils finissent par mettre le pied dessus : ainsi finit la comédie. Levons le camp dans la journée, nous à dos d'éléphant, le mahrajah à cheval; comme il est très vigoureux cavalier, il s'amuse à sauter tous les fossés suivi d'un de ses écuyers, qui ne lâche pas plus le pommeau de sa selle anglaise qu'il ne quitte son maître, le suivant courageusement partout où il passe.

Au premier troupeau d'antilopes, le mahrajah descend de cheval, nous d'éléphant, et tous nous nous asseyons sur la voiture à bœufs, les jambes pendantes, autour de la chita, qui, chaperonnée, continue à lécher la main de son gardien, et à nous caresser la figure de sa queue. Nous prenons assez bien cette caresse, y répondons même de la main; la nôtre à son tour semble assez bien prise. Le mahrajah conduit lui-même les bœufs, s'aidant, pour les activer, non seulement de la main qui tient les guides, mais aussi de ses pieds avec lesquels il chatouille vigoureusement leur arrière-train. Nous marchons ainsi aussi vite que possible. Dès que les antilopes ont l'éveil, peut-être quelques secondes trop tard, on déchaperonne la chita; mais celle-ci, après une chasse très passionnante, est décidément distancée par les black bucks; elle renonce alors, et son gardien va la reprendre derrière le buisson où elle s'est arrêtée. Le mahrajah nous quitte à moitié route pour retourner à Ulvur; nous, nous allons camper en pays accidenté, au pied d'un fort du mahrajah, autour d'un joli pavillon placé dans un jardin. Nous laissons tous nos gens s'installer dans le pavillon, car nous lui préférons le confortable de nos tentes à double compartiment (un pour nous, un pour le tub) de fabrication anglaise, lesquelles appartiennent au mahrajah, comme tout le reste.

18. — C'est en vain que le lendemain nous nous rendons à l'endroit où le tigre a passé; nous l'attendons une partie de la journée, chacun dans un arbre; mais malgré de nombreux rabatteurs dirigés par le siggarie du mahrajah, les restes du buffalow et les traces du tigre sont tout ce que nous pouvons apercevoir aujourd'hui. Longue et pénible recherche à pied dans la montagne. Vu une douzaine de beaux cerfs et ramassé un bois tout frais d'une troisième tête ; d'autres déjà à moitié en poussière ; lièvres, perdrix, etc. ; finissons enfin par revenir épuisés par la chaleur auprès des éléphants et du panier de champagne couvert de glace, ce qui, au point où nous en sommes, peut compter pour un résultat. J'avoue même qu'en ce moment je suis si harassé, que je préfère cette vue à celle du plus beau tigre des Indes.

19. — Avons battu inutilement les gorges des environs à dos d'éléphant. Je constate que si la chasse au tigre est quelquefois un sport émouvant, c'est bien quelquefois aussi le plus endormant. Quittons enfin nos éléphants et remontons sur nos chameaux que nous quittons quelques milles plus loin, quand, arrivés à la route, nous trouvons la calèche à quatre chevaux du mahrajah ; et grâce à un relais nous sommes bientôt à Ulvur.

Le parc du mahrajah est fermé ce soir, et nombre de petits chars indous venus d'un troisième palais stationnent aux portes. Garden party ce soir chez le mahrajah, à l'occasion de l'anniversaire de naissance d'une de ses femmes ; c'est pourquoi il nous a quittés si brusquement, avant-hier : il donne aujourd'hui la liberté à dix prisonniers. Visité le palais du mahrajah, un des curieux et typiques monuments de l'Inde. Des différents bâtiments qui le composent (il en est de délicieux en marbre blanc) quelques-uns sont adossés à la montagne; les autres achèvent d'entourer un grand tank placé au pied. Différentes cours, dont une, celle d'entrée, possède un joli escalier de marbre blanc. Le fort est armé de canons qui paraissent en fort bon état.

Revu en ville de ces jolis petits balcons travaillés en pierre rouge que j'avais déjà remarqués à Agra.

20. — Les Peacock et moi avons été dans la journée avec le mahrajah, dans son break attelé de six chevaux à la Daumont, avec un relais, — ce qui nous permet de brûler la route, — visiter un grand tank placé à 8 milles d'Ulvur, construit par son grand-père, pour alimenter d'eau la ville. Jolis pavillons indous sur ses bords, dont un fort joliment situé, et un bateau de promenade.

Nous ne nous arrêtons que pour les relais et prendre quelques-uns des fruits, mangues, oranges, melons, que des gens du pays viennent offrir au mahrajah à son passage, surtout au retour, dans les villages et quand nous passons devant un joli jardin lui appartenant.

Les quatre lanciers qui nous escortent, habillés à peu près en cipayes, font la route sans relayer : ils sont heureusement très bien montés : le mahrajah possède 3,000 chevaux, Le major ne sort qu'escorté de deux de ces lanciers.

21. — Le mahrajah nous emmène aujourd'hui visiter son établissement hippique. Trois grands paddocks de 100 mètres carrés en moyenne, un d'eux est réservé aux poulains et à leurs mères qui restent attachées. Dans les autres, un grand nombre de chevaux et juments à l'état libre. Au milieu de ces deux cours est une grande table de pierre ronde, et, tout autour, des mangeoires creusées dans la pierre. Messieurs les chevaux mangent à table ici, et en guise d'absinthe ils n'ont qu'à aller lécher les pierres de sel pendues après les banians. On en chasse hors du paddock une trentaine, qui y rentrent en sautant une barre de 90 centimètres environ. Petite séance de chevaux danseurs, où les plus beaux chevaux du mahrajah, harnachés moitié à l'anglaise, moitié dans le goût natif, et montés par un des écuyers, exécutent assez bien différents pas de haute école. Vu les étalons dont le plus beau, un superbe pur sang anglais, a sa place réservée au milieu du parc, dans un superbe paddock ombragé d'un immense champignon. Poneys lilliputiens qui attendent que les enfants du mahrajah soient assez grands pour monter sur leur dos ; un d'entre eux est dressé par miss Peacock, âgée de 6 à 7 ans, qui à notre retour veut bien partager avec moi son goûter composé de biscuits et de mangofood (mangue verte écrasée), excellent mets, sorte de lait épais et légèrement acidulé, aussi rafraîchissant que nourrissant.

Passons en sortant devant les lynx de chasse du mahrajah; puissance de saut prodigieuse de ces animaux auxquels on fait entrevoir une petite écuelle qu'ils vont attraper avec leurs griffes, s'enlevant de pied ferme à des hauteurs invraisemblables, la gourmandise semble leur donner des ailes.

22. — Visité le matin les prisons fort bien tenues du mahrajah ; on y confectionne des tapis fort jolis, du papier, des étoffes ; on y fait même de la lithographie.

Repartis à 4 heures pour le camp. Le mahrajah, parti le matin, vient au-devant de nous et nous annonce qu'il a 5 tigres au rapport, un d'eux a presque traversé notre camp ce matin ; chacun retrouve sa bonne tente tout installée.

Très surpris, surtout revenant de Kahsmir, de voir les arbres des montagnes du Radjputana encore sans feuilles. Ces arbres, paraît-il, ne verdiront qu'en automne. Comme on ne part pour aller aux tigres qu'à 11 heures, afin de chasser pendant la grande chaleur du jour ; que nous sommes toujours réveillés de bonne heure par le soleil (nos lits sont dressés dehors pour la nuit) et par le cri strident des paons très nombreux autour de notre camp, nous employons nos matinées à pêcher à la ligne. Le mahrajah emploie 2 de ses 15 éléphants présents au camp comme rabatteurs : il fait marcher dans l'eau ces animaux qui poussent devant eux les poissons dans un filet. Dans des grands fonds, il met ses éléphants à la nage, et leur fait tirer le filet ; par ce dernier moyen surtout il prend des poissons énormes et excellents.

23. — Montons nos éléphants à 11 heures, et après un trajet assez accidenté, nous rencontrons le siggarie qui nous fait signe de descendre ; — montons doucement à pied sans faire de bruit jusqu'à un coolee tapi dans les herbes sur une petite crête ; — rampons pour ainsi dire jusqu'auprès de lui, évitant de faire le moindre bruit et de nous faire voir. Ce coolee nous montre alors de l'autre côté du ravin deux animaux qu'il observe depuis ce matin : ce sont 2 beaux tigres qui se promènent tranquillement à moins de 80 mètres à vol d'oiseau ; leurs belles peaux rayées reluisent au soleil, leurs larges têtes semblent les couvrir en entier quand ils viennent à nous ; c'est un magnifique spectacle. Ces animaux semblant remonter le ravin à mi-côte, mes compagnons et moi suivons leur mouvement de notre côté, pour aller nous poster. A peine sommes-nous placés, qu'une grande clameur retentit subitement du sommet du versant opposé, poussée par les nombreux coolees que dirige le siggarie, et de grosses pierres roulent en outre avec fracas jusqu'à nos pieds. Presque en même temps, au milieu des taillis assez touffus sur les bords du ravin, nous voyons passer et repasser un tigre, et la fusillade commence. Un autre tigre semblant venir du côté opposé ne fait qu'apparaître, et disparaît après un seul coup de fusil de Jacob. Puis plus rien. Enfin le siggarie arrive avec quelques-uns de ses coolees, nous fait faire quelques pas, et nous montre un petit morceau de peau rayée immobile derrière un arbre, suspendu à un rocher, à une trentaine de mètres. C'est un de nos animaux. Le mahrajah me fait la politesse de m'inviter à le tirer; à mon coup de fusil, il dégringole lourdement en bas du rocher où il se cramponnait, et s'agitait convulsivement. Flanqué du major Peacock, j'approche doucement jusqu'à dix pas et envoie entre les deux yeux une dernière balle à l'animal après l'avoir, je l'avoue, visé dans l'oreille.

A peine avons-nous débouché le champagne, que des coolees viennent nous annoncer qu'un deuxième tigre est étendu mort à quelques pas de nous; celui-là est marqué d'une seule balle, celle de Jacob.

Le premier est le plus beau des deux, il mesure 9 pieds, ce qui est une grandeur moyenne pour un tigre du Radjputana; mais sa peau est percée de 5 balles.

Une forte odeur de charnier nous fait lever le nez au bout de quelques pas; nous sommes au pied de la caverne de nos tigres.

Au lieu d'aller reprendre nos éléphants, nous retournons au camp à pied, mais par quel chemin ! une gorge étroite où il serait impossible, je crois, à un homme seul de passer, bien que le ravin soit à peu près à sec. Ce n'est qu'en nous aidant les uns les autres que nous arrivons très péniblement à la sortie de la gorge. Les chutes et les cascades ne sont guère jolies, vues de si près. Les deux tigres arrivent enfin au camp vers 10 heures ; ils empoisonnent déjà, ce qui n'empêche pas l'habile et courageux Jacob de les dépecer lui-même l'un et l'autre sans le secours des siggaries.

24. — Un buffalo vient d'être mangé à 500 mètres du camp ; vite on selle les éléphants, mais les coolees viennent nous rejoindre au pied de la montagne sans avoir rien levé ; ils ne nous envoient que des pierres, et cette journée de chasse se trouve réduite à une promenade à éléphant.

25. — Visite du mahrajah qui, logé au fort, vient nous voir aujourd'hui avant dîner, à notre camp ; il pousse l'indépendance en matière religieuse jusqu'à daigner allumer des cigarettes après nos cigares impurs.

Buvons ce soir à la reine dont c'est le jour de naissance en même temps que celui du Derby.

26. — Ce matin, à peine ai-je ouvert les yeux, que je vois le mahrajah au pied de mon lit. Avec son petit air narquois, il me fait signe avec les doigts qu'il a 4 tigres au rapport, 2 grands et 2 tout petits ; ce sont trois petits qu'il y avait, et le soir tous les 5 étaient dans notre camp.

Le docteur Mallen, qui a eu l'obligeance à mon arrivée de me prêter un casque très épais en moelle pour remplacer le mien un peu léger et m'empêcher d'être tué par le soleil, se munit aujourd'hui de vieux journaux pour s'asseoir dessus au besoin; je ris d'abord de cette précaution, mais je n'ai pas été long à m'apercevoir qu'elle n'était pas inutile quand je dus me reposer sur le roc nu et brûlant.

27. — C'est au même endroit qu'hier que nous allons chasser, mais cette fois c'est nous qui gravissons la montagne, et les coolees rabattent en montant; aussi commençons-nous par une ascension qui fait ressembler notre travail à une chasse aux ibex ou aux chamois. Arrivons enfin au sommet où nous trouvons un peu d'air; à peine sommes-nous postés, que la fusillade commence sur ma droite, puis cesse sans que j'aie rien vu. Nous descendons, glissant avec les pierres roulantes par une chaleur terrible. Obligés, Thompson et moi, de nous arrêter sur la roche nue en plein soleil; le coolie qui me suit avec une peau de bouc remplie d'eau, m'en versant tantôt sur la tête, tantôt dans la bouche, va bientôt être à sec, je ne puis plus ni m'asseoir sur le roc ni tenir ma carabine, l'un et l'autre étant brûlants; je souffre cruellement. Le tigre s'est, paraît-il, réfugié dans une caverne située juste sous nos pieds. Après un arrêt, continuons à descendre, Thompson et moi, au risque de l'en voir sortir subitement et nous charger, pour retrouver quelques rafraîchissements, de l'ombre et nos éléphants. J'arrive en bas, les deux semelles de mes chaussures arrachées, et remonte enfin sur mon éléphant; Thompson en fait autant avec le sien.

Nous retrouvons le mahrajah: je bois une bouteille de claret glacé; après quoi, le mahrajah, Thompson et moi remontons jusqu'à l'entrée de la caverne où est réfugié le tigre; nos pauvres éléphants pendant longtemps ne peuvent avancer dans ces pierres roulantes; — arrivons enfin à l'entrée de la grotte tous les trois. « Are you ready! nous dit Thompson. — Yes, » et il envoie une balle de son express dans l'étroite ouverture de la grotte d'où sort un rugissement mais pas de tigre. Le mahrajah m'invite à mettre pied à terre et à tirer le tigre. Je descends de mon éléphant et vois, en me couchant par terre, le tigre étendu dans l'intérieur et me présentant sa tête. Les forts battements de sa poitrine indiquent seuls encore la vie; la pauvre bête est, je crois, bien incapable de bouger désormais. Il m'est facile de lui donner le coup de grâce; après quoi je me dispose à remonter à éléphant. Le siggarie qui arrive me fait comprendre que tout cela ne suffit pas, qu'il me faut encore, avant de partir, aller tirer les moustaches au tigre; comme ce gaillard-là a tout l'air de se moquer de moi, et que le tigre étant très enfoncé dans l'intérieur de la caverne il me faudrait me glisser très loin à plat ventre pour le satisfaire, je me contente de faire résonner le canon de mon express, que je tiens à bout de bras, sur la caboche de l'animal mort.

Redescendons dans le vallon, et apprenons que le major (je crois que durant ces chasses le tigre n'est jamais perdu de vue une seule minute par les siggaries), ayant des nouvelles du second tigre, a remonté le vallon dans le haut duquel l'animal s'est réfugié. Nous l'y rejoignons, et bientôt, à 100 mètres à vol d'oiseau, au-dessus de nos têtes, nous voyons un tigre rebondir puis redescendre le vallon à flanc de montagne, et il nous est facile de le suivre de l'œil. L'animal nous gagne de vitesse malgré plus de 20 balles que nous lui envoyons et qui semblent au contraire lui donner des jambes. Il va nous échapper, quand sa malchance veut que Jacob qui, sérieusement indisposé par la chaleur, avait quitté la chasse une heure ou deux pour rentrer au camp et se refaire, revient à nous : il voit le tigre, et tire. Celui-ci ne dépasse pas le cactus derrière lequel il vient de disparaître, un flot de sang s'échappant de ce même cactus coule bientôt le long de la roche nue. C'est la tigresse qui est morte et qui, déjà blessée de deux balles, retournait à son antre. Deux cents mètres plus loin, nous mettons pied à terre pour grimper, toujours à travers des coulées de pierres roulantes, à la caverne des tigres dans laquelle nous trouvons une forte odeur de charogne mêlée de fauve, et trois petits tigres tout jeunes que les siggaries emportent. Une fois en bas, ces petits animaux continuent à nous faire la grimace quand on les caresse, mais ils boivent et mangent avidement tout ce que nous leur offrons. Pendant ce temps les deux tigres morts sont chargés sur un éléphant, et nous rentrons au camp qui n'est pas à plus de 500 mètres de la caverne.

Le bruit de la mort de ces animaux malfaisants n'a pas été long à se répandre, et à notre rentrée au camp un grand nombre des femmes des environs, sinon toutes, les unes voilées, les autres avec leurs jupes voyantes et leurs courts petits corsages couvrant à peine le haut des seins, le torse nu par conséquent, suivant l'usage de ce pays, sont venues se ranger sur le passage du mahrajah, et le saluent de petits cris assez semblables aux joyeux « you! you! » des femmes arabes dans certaines fêtes. Cet incident ajoute encore ce soir au pittoresque de notre camp, déjà encombré de natifs, d'éléphants que l'on place de préférence à l'ombre de quelques banians, de chameaux, de chevaux, etc. Les montagnes, les coquets pavillons indous, la terrasse et les beaux arbres du jardin du mahrajah, le fort situé un peu plus haut, forment un fond plein de couleur locale à ce tableau, le plus réjouissant que j'aie vu aux Indes, comme bien vous le pensez.

Le soir le mahrajah vient dépecer lui-même un des tigres pendant que Jacob dépèce l'autre. Nous apprenons que deux panthères ont tué deux hommes à une pénible marche d'ici, mais le mahrajah n'a pas le temps d'y aller et nous ferons comme lui. Pas plus aujourd'hui que les autres jours je ne joue au whist avec ces messieurs, et je me couche encore bien fatigué ce soir. Ces chasses sont tout autre chose que celles du Bengale, en pays plat où les éléphants marchent en ligne dans les herbes hautes, du milieu desquelles bondit tout à coup le tigre qui force bien souvent la ligne des rabatteurs dont il tue presque toujours quelques-uns, et quelquefois charge même les éléphants. Le mahrajah d'Ulvur m'assure qu'il n'a jamais perdu un seul coolie.

27. — Faisons ce matin une superbe pêche, surtout le mahrajah.

Jacob me raconte que sa compagnie en Angleterre obtenait toujours plus de la moitié des prix de tir au concours; le résultat eût sans doute été différent s'il s'était trouvé dans une autre compagnie.

Retourné à Ulvur. La partie du trajet que nous faisons toujours au trot de nos chameaux n'a rien de pénible quand les sièges sont bien disposés comme ceux que nous avons.

Le mahrajah possède une musique, dirigée par un

Anglais, vraiment assez bonne; — avons été ce soir l'entendre au jardin public; de nombreux natifs y assistaient. Beaux tigres et panthères encagés.

Le mahrajah m'invite à aller tirer des cerfs aux environs d'un de ses pavillons; mais le lendemain rien au rapport, pas d'eau et pas de gibier. Adieux à Ulvur, au mahrajah et à mes charmants hôtes, et départ pour rentrer à Calcutta.

Peu après Allahabad, un déraillement de train me cause un retard de 7 heures, de sorte qu'au lieu d'arriver le 31 mai à 5 heures du matin à Calcutta, je n'arrive qu'à midi et demi.

Je suis bien heureux de ce retard qui me permet de voir le Bengale que je n'avais pu entrevoir, l'ayant traversé de nuit. C'est pour moi une révélation. C'est enfin l'Inde rêvée, des tanks ou des rivières, des sentiers, à l'ombre d'un fouillis inextricable de magnifiques touffes de bambous, de palmiers, de bananiers, de lataniers, de papayers, de manguiers, etc. Dans chacun de ces tanks, bêtes et gens plongent et barbotent avec volupté, sautant dans l'eau comme des grenouilles au passage du train. Les huttes et les maisons recouvertes d'un chaume épais, parfois de lianes, semblent faire partie de la végétation qui les entoure, tant elles se confondent avec elle. Aucune note discordante. C'est la nature riche, belle, plantureuse et simple. Le voyageur se sent absolument transporté; quelques jours après, je suis revenu visiter Chandernagor (22 milles seulement de Calcutta), un des plus jolis villages du Bengale. Celui-là n'a rien de particulier, si ce n'est que ses maisons sont bâties en briques et qu'il possède un véritable quai sur l'Ougli. Je n'y ai rien vu rappelant l'occupation successive des Portugais et des Français du siècle dernier, si ce n'est les restes du fort, la place de la maison de Dupleix, celle où devait être sa statue, mieux située du reste à Pondichéry, et une vieille église portugaise, en dehors des possessions françaises, devant laquelle est encore planté un mât de la première frégate portugaise venue aux Indes ; 5 ou 6 Français résidents, pas plus ; un d'eux, sous-lieutenant, commande 33 cipayes français dont 2 tambours qui battent la retraite chaque jour, et un factionnaire. Un Français possède sur le quai une assez jolie villa avec une ménagerie.

La possession de ce simple petit village rapporte à la France chaque année 300 chests d'opium donnés par l'Angleterre à la condition de n'en pas fabriquer et de ne pas gêner, par son commerce, le monopole anglais du sel. Avant d'arriver à Chandernagor, à 122 milles de Calcutta, et à Ramgunge, se trouvent de très riches mines de charbon où plusieurs milliers d'hommes sont employés. Il semble vraiment que pendant que les Anglais sillonnent les mers, le charbon les suive sous terre.

En arrivant, je trouve charmante et large hospitalité dans le magnifique local du Comptoir d'escompte, de la part de M. Simonet, sous-directeur.

Dîné chez M. Payne, directeur, et chez M. Peacock, frère du major, et membre du Bengal government.

Trouvé chez Simonet les premiers fruits de la saison. Délicieuses mangues venues de Bombay, les letchies frais (sortes d'amandes du pays, dont la chair, au lieu d'être plate, est enroulée sur elle-même ; le fruit n'est pas plus gros qu'un noyau de datte et a à peu près le goût des amandes d'Europe). Mangé des fameux mangofishes, poissons ainsi nommés parce qu'on les accommode parfois avec des mangues ; mais aucun des poissons d'Orient ne vaut à mon avis nos poissons de l'Atlantique, surtout ceux de nos côtes françaises et des voisines.

Parti pour Darjeeling. Le Bengale, quoique moins touffu du côté nord, est toujours aussi vert. Les huttes des villages, qui se dégagent au milieu de ces plaines, affectent les formes les plus variées : on en voit des rondes, des longues et des carrées; de bien nettes et de bien entretenues, faites de rien pour ainsi dire, et qui sont charmantes. Passons le Gange en steamer. A mesure que l'on monte, la plaine se dégarnit, les champs sont plus étendus. J'ai beau regarder si je ne vois pas bondir un beau tigre du Bengale. Je ne vois que quelques chacals. Arrivé à Silogori, encore une fois au pied de l'Himalaya, où commence la culture du thé, on quitte le chemin de fer pour monter dans une sorte de petit tramway à vapeur, dont les wagons ouverts sont très réduits en tous sens. Il suit l'unique route jusqu'à Darjeeling. (Il ne serait pas toujours agréable de se promener sur cette route sur un poney peureux.) Pénétrons dans une nature absolument nouvelle. Au lieu de cette végétation large et grasse de l'Indoustan, quoique rare en général, je trouve ici une végétation infiniment plus légère et plus variée. Il me semble reconnaître des essences d'Europe, mais plus grandes : marronniers avec immenses feuilles, lianes, orchidées, jolies herbes variées dont quelques-unes très délicates, maid hair, etc. Toute cette nature, au milieu de laquelle est frayée cette route, a un petit air de forêt vierge très gracieux, et en même temps une fraîcheur délicieuse. De temps à autre un petit champ de maïs ; quelquefois aussi le long de la route quelque blessure faite au flanc de la montagne par la pioche de l'homme, mais que la richesse de sa fraîche et plantureuse végétation ne sera pas longue à cicatriser. Notre tramway s'arrête en forêt à toutes les sources pour faire de l'eau. Les dongas de Simla vont aussi vite que lui. Trouvons cependant des bouquets de bananiers et quelques palmiers jusqu'à près de 4,000 pieds d'altitude, ils font place alors à de magnifiques fougères arborescentes, qui ont jusqu'à 6 mètres d'élévation ; il me semble que plus l'on monte, plus la végétation devient légère et délicate. Passons au pied d'un célèbre sanitarium où se trouvent nombre de soldats anglais ; le petit tramway en est à moitié rempli, quelques-uns y amènent femmes et enfants.

Arrivé enfin à Darjeeling (7,000 pieds d'altitude), à 5 heures du soir. De robustes individus des deux sexes aux yeux bridés, mais à la carrure et aux mollets puissants, qui contrastent singulièrement avec les cooliees de l'Inde, enlèvent de très fortes malles comme de simples plumes, et les portent à destination.

Darjeeling bien différent de Simla. La nature est ici plus large, moins bouleversée. Darjeeling, lui, prend ses aises, s'étend au haut du bord supérieur d'une immense cuvette à pentes relativement douces dont le fond et les pentes opposées ne manquent pas de pittoresque, voire même de grandiose. Cette installation fait prendre en pitié les maisons de Simla qui semblent toutes se raccrocher en désespérées les unes après les autres pour ne pas dégringoler le long d'une pente presque à pic et indéfinie. Sur le bord de la cuvette et même sur le revers, quelques villas et plusieurs promenades. C'est de là que l'on peut contempler le plus grandiose spectacle de la nature: la chaîne du grand Himalaya, sur une étendue de plus de 100 milles, hérissée de pics neigeux; et, en face, un peu à droite du spectateur, majestueusement étendu sur ladite chaîne, le Kanchinjinga, à la crête déchiquetée et abrupte (28,176 pieds, quelques centaines seulement de moins que l'Everest); situé à une distance de 50 à 60 milles seulement de Darjeeling, il semble en être à 10 à peine. Entre le spectateur et cette montagne, au milieu d'un cahos dont on ne peut voir le fond, nombre de vallées, le tout extrêmement vert; c'est le petit royaume de Sikim, tributaire, je crois, du Tibet, et bien connu ici pour les nombreuses orchidées qu'on en tire; des natifs en apportent journellement de pleins paniers; nombre de plantations de thé. Une petite rivière limite les possessions anglaises, tout étant borné en cè monde.

Si, contrairement au proverbe qui dit que les montagnes ne se rencontrent pas, le Mont-Blanc pouvait jamais se transporter dans les tropiques, il y perdrait au moins son nom, car les neiges éternelles ne commencent pas ici au-dessous de 5,000 mètres. Bien différent des grandes montagnes de Suisse qui envoient leurs glaciers jusque dans le fond de la vallée, et se rattachent ainsi à la terre par des racines de glace, le Kanchinjinga commence seulement à l'endroit où se terminent les autres montagnes qui le portent sur leurs cimes, et rien ne le rattache à notre terre à nous. Le captain Herman osa entreprendre son ascension, mais il tomba épuisé à une altitude de 18,000 pieds. Le glacier donna son pied à baiser à qui voulait poser le sien sur sa tête. Le captain paya de sa santé, et peu de temps après de sa vie, son audacieuse tentative qui fut suivie, bien entendu, de plusieurs autres tout aussi infructueuses. Aucun être vivant n'a jamais effleuré la cime ni même les flancs du Kauchinjinga.

A 5 milles d'ici, en même temps que le Kanchinjinga, on aperçoit un piton blanc : c'est l'Everest.

Le brahmanisme ne monte pas jusqu'ici. Les natifs de ce pays sont boudhistes, comme les Chinois dont ils ont le type et même la queue. Les boudhistes sont ici divisés en deux sectes : boothias et leipchas. Beaucoup de coolices népalises viennent en outre travailler ici chez les planteurs de thé.

L'Himalaya, jusqu'à la limite de ses neiges éternelles, est très vert et paré d'une riche végétation. Par exemple je ne vois aucun arbre qui ressemble même de loin à un sapin. J'achète des armes assez curieuses et riches du pays, et des petits appareils à musique faits avec des crânes ou des tibias humains ; mon homme essaye même de me vendre une sorte de gros grelot en argent repoussé destiné à accompagner les prières, et même à les remplacer, je crois : il fait celui qui prie et s'accompagne de son grelot, en ayant l'air de dire : « Comme c'est amusant, hein ! si vous voulez rire et faire rire vos amis, achetez-moi ça et faites comme moi. »

On s'étonne, une fois ici, que le vice-roi ne fasse pas de Darjeeling sa résidence d'été ; mais cette station est de fondation récente et peut-être le vice-roi ne veut-il pas se confiner toute l'année dans le Bengale. Il se contente d'habiter exclusivement le nord de l'Inde.

13 juin. — Quitté ce matin Darjeeling que je laisse dans les nuages. En venant ici, j'ai traversé le Bengale par le plus grand jour de sécheresse, car les pluies ont commencé juste le lendemain de mon départ de Calcutta, ce dont je me suis aperçu à Darjeeling, où deux jours de suite j'ai dû me lever à 4 heures du matin pour jouir de l'incomparable vue de l'Himalaya.

Le pays en effet a encore verdi depuis mon arrivée, et la température s'est relativement rafraîchie dans la plaine. Le blé, l'indigo et le reste ont grandi de plus de 10 centimètres en trois jours ; grâce aux pluies abondantes qui ont inauguré la saison, un tapis d'un vert extrêmement riche s'étend de Darjeeling à Calcutta. Ces pluies ont nettoyé en outre le pays ; les branches brûlées de palmiers ont pourri et sont tombées. Les huttes vieilles ou mal construites des villages se sont effondrées et ont disparu ; une d'elles s'écroule près de la station juste au moment du passage du train ; mais le Bengali a cet avantage qu'il peut recevoir le toit de sa maison sur sa tête sans en être incommodé, aussi l'écroulement d'une hutte est-il un petit accident vite réparé. Tout du long de la voie on remarque en outre, à la place de champs en partie brûlés par le feu de la machine, comme aux environs de Delhi, de grands marécages qui remplacent les tanks qu'on y voyait trois jours plus tôt. Sur leurs bords, au lieu de petites grenouilles vertes qui végétaient obscurément et presque silencieusement, on voit et surtout on entend d'énormes grenouilles jaunes qui font un ramage insupportable et incessant jusqu'à Calcutta. Ces animaux ont ainsi mûri bien plus rapidement que des bananes, en quelques jours. C'est le deuxième printemps de l'année qui commence en Bengale, on resème en maint endroit.

Il a plu à torrents à Calcutta en mon absence; j'y retrouve moins de poussière, ce qui est quelque chose, mais le même soleil toujours prêt à reprendre ses droits; beaucoup de natifs usent volontiers des ombrelles, voire même de vastes parapluies pour se soustraire à ses rayons brûlants. Mais les natives, jamais. Le parapluie est le premier vêtement dont songe à se couvrir le Bengali aisé, tout au plus le deuxième, il n'a pas toujours de coiffure.

Embarqué le 15 juin, à bord du *Comilla,* petit steamer de la Cie British India, qui fait la côte depuis Singapoor, jusqu'au fond du golfe Persique, pour Rangoon.

Les rivages sont jolis, touffus et verts jusqu'à la mer; mais les eaux de l'Ougli salissent la mer jusqu'à une très notable distance. La mousson S.-O. commence à souffler et souffle ferme; le *Comilla,* dont le tonnage ne va pas au delà de 672 tonnes, 550 net register, le plus petit steamer de la Compagnie, est encore trop grand, puisqu'on n'a pu le charger de manière à le faire entrer dans l'eau : son hélice est dehors pendant une notable partie du voyage, ce qui donne par moments au bateau une insupportable trépidation; même mouillé en rivière, il garde ses airs penchés. Une forte odeur de cancrelat règne forcément dans toute la flotte qui ne quitte jamais ces parages; heureusement je suis le seul passager, et fais du pont ma cabine et mon lit du roof où j'arrive à me caler avec peine. Stoppons le dimanche 18 à Chittagong. Sur le bord de la rivière quelques comptoirs, les bengalows sont à un mille dans les terres. Une cinquantaine de bricks natifs, construits ici même, sont mouillés en rivière, mais ne sortent pas pendant la mousson d'été.

Hospitalité chez M. de Saint-Hilaire, membre d'une famille d'anciens résidents de Pondichéry ainsi que sa femme; son caractère n'en est pas moins français, enjoué et fort aimable, il possède ici des moulins à riz importants et fait de la jute.

Le pays continue à être très vert, mais les champs sont envahis par l'allarousse sauvage, ce qui rend la culture beaucoup plus difficile qu'ailleurs. Beau pays à tigres; en s'y enfonçant un peu plus, on y trouve des éléphants sauvages.

Rencontré, chez M. de Saint-Hilaire, M. Hinggins, un gentleman qui va au tigre à travers la jungle, seul, avec 2 coolies; à sa dernière chasse il tua le tigre et les deux coolies qui se trouvaient tous deux dans les pattes de l'animal. Ce coup triple lui mit, dit-on, en même temps un peu de plomb dans la tête, ce qui est une bonne fortune au moins pour sa jeune femme et ses trois enfants.

A son retour en France, Mme de Saint-Hilaire rapporta plusieurs têtes de tigres dans sa malle: « Ça, dit-elle à Marseille, au douanier surpris, ce sont les petits chats que nous avons dans l'Inde. » Vu chez elle de belles pièces de mousseline extrêmement fine de Dacca, fabriquée, dit-on, au fond d'espèces de puits.

CHAPITRE III

BURMAH

Stoppé mardi à Akyab, premier poste birman. — Premières maisons birmanes, qui dans tout le Burmah sont suspendues de quelques pieds au-dessus du sol à l'aide de pilotis, à cause de l'extrême humidité du sol; premiers types birmans, bien différents des Indoustans. Un fonctionnaire de la police anglaise monte à bord, il emmène avec lui une jeune Birmane et deux petits cerfs, admirables petits animaux aux belles ramures, aux pieds microscopiques et au joli poil fin, ils ne sont pas plus gros que des chiens d'arrêt; rien qu'ici on voit plus de trente pagodes.

Longeons, après Akyab, jolies petites îles touffues, véritables dômes de verdure émergeant de la mer. La jeune Birmane, comme toutes ses compatriotes, fume constamment cigare sur cigare. Le Burmah produit énormément de tabac, et les natifs, spécialement les femmes, sucent toute la journée un énorme cigare attaché aux deux extrémités avec des bouts de fil. Les cigares du pays, appelés les petites burmah, sont au moins aussi renommés aux Indes que les petits bordeaux chez nous; les seconds comme les premiers ont peut-être été excellents autrefois. Aujourd'hui, les petits burmah valent les petits bordeaux, pas davantage.

Dans la petite rade de Kyouk Phyoo, le *Comilla* seul est mouillé à 200 ou 300 mètres des cocotiers et de tout ce petit monde birman si éveillé, si différent du peuple indou et si nouveau pour moi.

C'est ainsi que tout ce pays de l'Inde jadis inconnu est apparu pour la première fois aux yeux émerveillés des Portugais qui le découvrirent, arrivant à l'aventure sur leurs beaux voiliers aux dorures, aux armoiries et aux couleurs éclatantes. Rien de toutes ces inventions modernes : douanes, jetées, sémaphores, docks, etc., que l'on retrouve invariablement à l'entrée de tous les ports connus, si loin soient-ils de notre patrie, et je me figure presque faire un voyage de découverte.

Le village de Kyouk Phyoo est coupé de larges avenues gazonnées; sur sa grève, comme à Chittagong et à Akyab, sont tirées beaucoup de petites barques aux couleurs voyantes, et dans le sable se promènent quantité de petits coquillages variés.

Une jeune Anglaise et son frère, qui exploite ici des couches de pétrole, viennent chercher notre capitaine pour dîner. La compagnie n'acceptant pas le pétrole à bord, nous ne chargeons que du miel, du soap stone et des masses de Birmans.

Doublons cap Negrais le vendredi 23; terres boisées, pagode à la pointe en face de plusieurs petites îles, sur une d'elles un sémaphore et un navire échoué.

Rangoon, comme toutes les villes birmanes, est coupée à angles droits de grandes artères, et tout autour se trouvent les bengalows anglais, plus ou moins dissimulés dans la verdure, le cantonnement, et enfin sur une hauteur la grande pagode, la plus grande de tout le Burmah, la plus dorée par conséquent, en même temps la plus sainte de toutes, puisque d'après la légende boudhiste elle contient des reliques non seulement de Gaudamah le dernier des boudhahs, mais encore de deux ou trois autres boudhahs précédents. J'ai, bien entendu, employé ma première journée à aller à la grande pagode, la seule chose à voir à Rangoon, du reste, comme monument.

Comme toutes les grandes pagodes de la Birmanie, celle-ci est située sur une hauteur ; on y arrive par un long escalier couvert aboutissant à une plate-forme, au centre de laquelle se trouve la grande pagode. L'entrée de l'escalier, comme toujours, est marquée de deux lions colossaux en briques revêtues de plâtre et peinturlurées.

Dans l'extrême Orient le lion n'existe pas, aussi cet animal devenu légendaire est-il très fréquemment représenté (il l'est même sur les vieilles pièces birmanes, les actuelles portent un paon). Par exemple il l'est différemment suivant les pays. En Chine sa crinière est frisée avec beaucoup plus de soin que ne pouvait l'être la perruque du grand roi.

L'escalier traverse un grand nombre de paliers, tous couverts d'un plafond différent, toujours très ouvragé, les uns faits de solives travaillées et peintes, les autres simplement peints ; d'autres sont entièrement revêtus de petits,miroirs, sur chacun de ces paliers, des petites boutiques de petits cierges ou d'autres offrandes non moins brillantes, banderoles de papier découpé, petites ombrelles, etc.

Je croise, chemin faisant, quelques Birmans, surtout des Birmanes fleuries qui montent gaiement faire leur pèlerinage ou en descendent.

La grande pagole ressemble, malgré quelques moulures, à une immense toupie, la pointe en l'air, laquelle toupie ne mesure pas moins de 372 pieds de haut, et 600 de circonférence à la base. Elle fut fondée, paraît-il, avant J.-C. et successivement surélevée et redorée par différents rois, elle est donc restée à son summum d'élévation, qu'elle atteignit en 1564 sous le roi Tsin-hyoo-mya-Shin.

Le roi d'Ava en 1767 la fit redorer en entier et la coiffa d'un nouveau ktee ou umbrella, léger et gracieux ornement quelquefois de grande valeur, placé sur le sommet des pagodes ; il est formé de cercles de fer dorés superposés, allant toujours en diminuant de la base au sommet, pour se terminer enfin par une pointe. A ces cercles sont suspendues de nombreuses petites clochettes d'or, et ici, au cercle le plus élevé, des pierres précieuses de grande valeur. Beaucoup de ces clochettes ou pierreries sont des dons particulier ; une toupie de Cocagne.

Le ktee actuel est moderne et plus riche que tous les précédents, il fut offert dernièrement par le roi de Birmanie qui l'envoya de ses États à Rangoon. Il ne put obtenir du gouvernement anglais de le faire placer sur la pagode par ses hommes à lui. Celui-ci craignit que dans cette cérémonie le peuple du British Burmah ne vît là un acte de souveraineté de son vieux roi. Après deux années passées en négociations, le gouvernement anglais fit recevoir et placer le ktee par des fonctionnaires natifs, à son service. Ce ktee ne coûta au roi pas moins de 27.000 livres auxquelles vinrent s'ajouter pour 20.000 livres de dons volontaires ou de souscriptions.

La pagode est flanquée de quatre autels; chacun d'eux contient un boudhah, et, à ses pieds, les offrandes. Ces autels sont autant de petites débauches d'or, de bois travaillé, de clinquant de toutes sortes. Tout autour de la grande pagode, d'autres petites du même modèle, également espacées et également dorées. Ce modèle unique a cet avantage qu'on peut le réduire à volonté, le couper par la moitié, ou le prolonger indéfiniment par le bas, sans en altérer le caractère; c'est la suppression des proportions dans l'architecture. Puis, après la rangée des petites pagodes qui sont comme les enfants d'une grosse mère Gigogne, une rangée de lions et des arbres en cuivre de 15 pieds; le tronc et le feuillage des arbres sont également dorés : ils portent comme fruits des boules de verre de différentes couleurs et grosseurs; ces arbres, avec leur feuillage, sont comme la guirlande brillante et légère qui va d'un autel à l'autre. Bref, clochettes et verroterie variée, bois fouillé et doré, quincaillerie, voilà pour l'ornementation de l'architecture birmane. Tant à Rangoon que dans les postes birmans que j'ai déjà visités, je suis, comme tous les arrivants de l'Indoustan, frappé de l'air dégagé de tous les Birmans. Ces nouveaux sujets de l'Angleterre, aux yeux bridés, de teint jaune clair et non plus marron foncé, sont affranchis de cette torpeur qui ronge, semble-t-il, tous ces Indous étiques de l'autre côté du golfe; il est vrai qu'en descendant la presqu'île de Malacca, on retrouve les Malais.

Les Birmans, qui vivent sous un joug infiniment plus pesant, beaucoup plus imposés que les autres Indous, leur pays étant le plus riche, sont les seuls sujets de l'Inde anglaise qui semblent respirer et rire librement. Il ne manque à ceux-ci que des ailes, tant ils semblent fréquemment légers de corps et d'esprit, leur haine violente de l'Angleterre les rattache toutefois à la terre.

Les hommes, coiffés d'un petit foulard aux couleurs vives, dans lequel est enfermé le nœud de leurs cheveux sur le sommet ou sur le côté de la tête, sont vêtus d'une simple petite camisole blanche flottante et d'un pagne à carreaux rouges dont le bas flottant est retroussé entre les deux jambes comme ceux des femmes indoues. Les femmes sont enroulées, à partir du dessous des bras, dans une sorte de jupe de soie fermée et repliée sur elle-même, ajustée étroitement sous les bras et à la ceinture; ce pli donne aux jambes un jeu suffisant pour la marche. Leurs épaules sont couvertes soit d'un petit fichu, soit d'une camisole semblable à celles des hommes, soit pas du tout.

Dans leurs cheveux extrêmement noirs et lissés, relevés à la chinoise, se trouve presque toujours quelque fleur, le seul bijou en usage chez les femmes du peuple; elles ressemblent à de grands bébés errants dans leur emmaillotage de soie. Quelques-unes traînent de petites sandales qu'il semble qu'on leur a mises en vain aux pieds pour les retenir à la maison. Leur petit nez en l'air, leur air insouciant et leur rire enfantin, leurs yeux éveillés et mobiles, leur conformation des pommettes ajoutent encore à cette impression. Elles se promènent presque toujours plusieurs ensemble, et l'énorme cigare qu'elles fument constamment ajoute encore à leur air d'échappées, qu'elles conservent jusque dans leurs temples en vraies boudhistes qu'elles sont. Tout ce monde très éveillé s'amuse de tout ce qui se passe autour de lui, rit au nez des Européens, est fort gai et amuse infiniment au premier abord.

Il semble naturel de comparer ce peuple birman aux Japonais dont il sont cependant loin d'avoir l'esprit chevaleresque et travailleur ; il y a entre eux deux la différence qui existe du faux au vrai.

Sur les flancs de la même montagne plus de quatre-vingts petites pagodes, dont plusieurs perdues dans la verdure entourent la principale ; elles sont de formes extrêmement variées. Dans quelques-unes, les boudhahs sont tellement entassés qu'on dirait des magasins. Il y a aussi des mâts peints en rouge surmontés de griffons ailés. Ce qu'on voit en grand nombre aussi ce sont des clochettes ou cloches de toutes les dimensions, à commencer par le ktee de la pagode agrémenté de nombreuses clochettes d'or, qui font une incessante petite musique, fort douce du reste.

Sur la terrasse, on voit mêlées aux susdites pagodes et reposant à terre comme elles, des cloches aussi grandes qu'elles, que des pongees ou moines boudhistes viennent frapper de temps en temps avec des madriers.

En 1462, le roi de Pégu fit fondre pour la célèbre et très sainte pagode de Rangoon une cloche colossale : elle mesurait 168 pieds de haut et 12 de diamètre. Cette cloche colossale, qui devait ressembler à un immense entonnoir, et à laquelle aucune autre cloche existante, pas même celle de Moscou, ne saurait être comparée, n'existe plus; elle disparut, et on n'a jamais pu savoir ce qu'elle était devenue.

La plus grande cloche actuellement existante autour de la pagode, fut fondue en 1840 par ordre du roi Tharrawaddee; elle mesure 14 pieds de haut et 22 et demi de circonférence, et n'a jamais été suspendue. On voit, paraît-il, intérieurement des plaques d'or ou d'argent, formées par les bijoux précieux que des Birmans sont venus jeter dans le moule au moment où se fondait la cloche. Celle-ci, après la prise de Rangoon par les Anglais en 1852, dut être envoyée comme trophée de guerre à Calcutta. Au moment de la charger à bord, les Anglais la laissèrent tomber au fond de la rivière d'où ils ne purent, malgré deux tentatives, la retirer avec les moyens dont ils disposaient sur place; mais ils permirent quelques années après aux Birmans de la reprendre s'ils pouvaient y arriver; ceux-ci y réussirent, et lui rendirent sa place à la pagode où elle est actuellement, témoignant de l'esprit parfois ingénieux et persistant des Birmans.

Joli Parc du Gouvernement, la promenade fashionable de Rangoon, dont la belle végétation, parfaitement entretenue, est dominée par la grande pagode d'or qu'on aperçoit au-dessus de sa tête à travers les branches des palmiers, des tamarins et autres beaux arbres exotiques; beaucoup de monde élégant y vient chaque jour entendre la musique.

C'est, dit-on, dans les festivals qu'il faut voir le peuple

birman; je le crois volontiers, ayant rencontré aujourd'hui un enterrement; rien de plus gai que ce défilé : d'abord des chars à bœufs remplis de bananes, d'ananas, etc., destinés aux gens de la noce, puis le cercueil égayé de mousseline et d'étoffes éclatantes; enfin des musiciens accroupis dans un grand tambour roulant en bois sculpté, qui jouent leur gai répertoire.

Les princes du sang et les pongees importants ont seuls droit aux honneurs de la crémation.

Suivent à pied ou en voiture des gens de fort bonne humeur, quelques-uns ont de faux airs de gamins de Paris, dont ils ont l'allure insouciante et narquoise.

Une autre procession dont le but m'échappe est précédée de plusieurs corbeilles roulantes de musiciens; derrière flottent des banderoles de papiers de couleurs, de petits fichus roses de Chine ou jaune paille des Birmanes, et brillent des lanternes emmanchées sur de longs bambous.

On ne voit guère travailler à Rangoon que des Chinois ou des coolies indous venus de Madras; aussi l'élément étranger est-il aussi nombreux à Rangoon que l'élément birman. Des Chinois épousent des Birmanes qu'ils n'emmènent jamais quand ils retournent en Chine. Leurs enfants ne portent pas toujours la queue, mais ils ont toujours les yeux bridés comme leurs papas ou leurs mamans.

Dans les marchés couverts construits par les Anglais, on voit nombre de petites Birmanes accroupies au milieu des légumes, des ananas, des poissons salés ou frais consultant leur miroir et saupoudrant de poudre jaunâtre leur figure, leur gorge et leur marchandise, s'ajustant des fleurs dans les cheveux et montrant ce qu'il y a de mieux dans leur boutique, leurs dents blanches; tout cela rend très sensible, dans les marchés et dans les bazars birmans, le petit air de fête répandu en permanence sur toute la Birmanie.

A côté des Birmanes souriantes, au teint clair, couvertes d'étoffes de soie légère aux couleurs riantes et de fleurs, on rencontre à Rangoon de nombreuses Madrasees ou femmes de Madras. Celles-ci forment un contraste frappant avec les premières; le madras rouge dont elles s'entourent à l'indienne, leur bijoux d'or qui se détachent sur des cheveux noirs ou sur une peau d'un brun foncé extra-chaud, et presque aussi luisante que leurs cheveux, leur taille nue et parfois superbe, leurs longs yeux extrêmement doux, leurs extrémités fines, leur impassibilité donnent à ces créatures une tonalité sombre mais riche en diable, et une grâce sauvage saisissante. Peut-être juge-t-on mieux ici, au milieu du gai chatoiement birman, des chaudes couleurs du peuple indou.

Je vois arriver avec plaisir les premiers mangoustans. Ce petit fruit, appelé le roi des fruits par un grand nombre d'amateurs, est un bonbon crémeux et fondant qu'aucun confiseur parisien n'égalera jamais; il n'est pas écœurant à force d'être sucré et parfumé, comme le custardapple qui vient surtout dans ce pays-ci, à Prome spécialement. Poussé par la faim et par la curiosité, je goûte également à un dorian pour la première et la dernière fois. Mgr Bigaudet, évêque de Rangoon, me dit avoir été quatorze ans avant de se faire au dorian, on le hait ou on l'adore, paraît-il. Quatorze ans, pour arriver à ce dernier résultat, me paraissent peu de temps.

Heureux d'être descendu à cet affreux hôtel où je suis plus que jamais empoisonné, mais où j'ai la bonne fortune de faire la connaissance d'un Français, M. Garanger, que je ne vais plus guère quitter en Birmanie. Je me laisse cependant emmener par un très aimable jeune homme de la maison Bullock brothers, M. Grant, pour qui j'avais une lettre d'introduction et qui est installé avec deux jeunes collègues dans un grand et très confortable bengalow appartenant aux MM. Bullock.

MOULMEIN

Embarqué à bord du Rangoon, petit steamer le plus rapide de la Compagnie. Levé l'ancre à 6 h. du matin pour Moulmein. Notre brave homme de capitaine, un Allemand, passe son temps à faire des cocktels et à nous en offrir; il possède deux petits singes aussi familiers que lestes et fort amusants, soit qu'ils montent sur vos genoux, soit qu'ils grimpent dans les cordages.

27 juin. — Nous remontons la rivière de Moulmein à travers une superbe forêt, dans les sous-bois de laquelle la fougère et la mousse sont remplacées par des rotins et une grande variété de jolies herbes; arbres de teck, etc. En maint endroit cette belle végétation est coupée par de petites rivières bien ombragées, aux bords touffus, parfois complètement recouvertes, dont les jolies embouchures défilent devant nous. La forêt est semée de points brillants blancs ou dorés qui sont comme autant d'épingles d'or piquées dans la belle chevelure verte et touffue de la forêt : ce sont des pagodes placées en pleine forêt sur les endroits élevés. Les sommets importants en possèdent toujours au moins une.

La forêt cesse enfin. Les pagodes et les petites maisons de Moulmein nous apparaissent à nu, et nous débarquons dans la petite ville même, qui ne se compose guère que d'une grande rue bordée de petites maisons portugaises, d'un petit cantonnement, de quelques rares bengalows, d'une grande pagode dorée, assez semblable à celle de Rangoon, mais bien moins importante. Sur les bords de la rivière, de grands chantiers de bois de teck, où l'on voit travailler les éléphants. A toute heure du jour ces intelligents animaux charrient par la force puissante de leur trompe d'énormes madriers, ou les poussent du pied pour les faire glisser sur des chemins de bois *ad hoc;* ils les amènent et les empilent avec beaucoup d'adresse, les poussant au besoin non seulement du pied, mais du front, du poitrail, de partout suivant la hauteur du tas; ou bien ils les en redescendent non moins habilement pour les porter à la scierie, sans autre guide que leur cornac.

La pagode, les petits temples et les monastères qui l'entourent, même les quelques arbres plantés sur les fronts dégarnis de la colline, semblent des joujoux venus en droite ligne de Nuremberg. En y allant le lendemain de mon arrivée, je pénètre dans un monastère et m'arrête à causer avec un pongee (moine boudhiste) important. Ces êtres-là, avec leur vilaine tête mogole toute rasée, et leur vilaine robe jaune qu'ils portent uniformément aussi bien qu'en Chine, au Japon ou à Ceylan, en tout pays boudhiste enfin, sont affreux. Celui-là, tout à fait en gaieté, me montre avec fierté une sorte de char ou d'autel illustré de verroteries, haut de plus de 8 mètres, placé à l'intérieur du monastère; c'est là-dessus, tout en haut, qu'on le brûlera en grande pompe avec l'autel lui-même, quand il sera mort. Il se tord de rire pendant qu'un fidèle qui lui approche son riz en offrande se prosterne jusqu'à terre. C'est encore pour lui tout ça; ce gaillard ne doit pas être toujours très sobre.

Autour de la grande pagode, nombre de boudhahs abrités ou non dans chacune des trois poses connues: debout, assis ou couché. Un d'eux, couché, a 12 mètres de long et est tout doré; des ouvriers sont en train d'étaler sur un autre des feuilles d'or.

De la plate-forme, belle vue sur la plaine tout en rizières et extrêmement plate, où la nature s'est amusée à placer à des distances variées nombre de rochers isolés de formes parfois si bizarres qu'ils semblent dessinés par des Chinois; quelques-uns laissent échapper de leurs crevasses une végétation plantureuse, pointant hardiment en l'air ou retombant en lourdes grappes. Tous sont coiffés d'une ou plusieurs pagodes, et semblent des joujoux de carton placés là pour l'amusement de quelque jeune boudhah de 500 mètres de haut. On aperçoit également des éléphants au pacage, nombre de buffalows colossaux et de chèvres dans la campagne. On ne fait pas de moutons en Birmanie, et les résidents européens n'ont encore rien trouvé de mieux que d'y faire venir les côtelettes toutes vivantes de Calcutta ou de Madras.

Toujours nombre de clochers et clochetons.

Des Birmans s'amusent beaucoup le long de ma route, à mon retour, au « foot bal », qu'ils jouent avec beaucoup d'adresse.

Le rocher le plus rapproché de Moulmein contient des grottes qu'on dit curieuses et que je vais visiter le lendemain, partie en voiture, partie en bateau pour traverser la rivière, partie dans un char à bœufs que j'ai eu la chance de rencontrer.

Ces grottes ou caves aux abords marécageux n'ont rien de curieux, ne contenant que des boudhahs de toutes grandeurs, dont pas un n'est taillé dans le roc, mais tous construits en briques enduites de plâtre. A l'entrée de la grotte principale se trouvent au moins trois petites coupoles naturelles sur les parois desquelles sont plaquées et alignées plusieurs rangées de petits boudhahs en plâtre, comme des boulettes de papier mâché ; on a ici les images d'Épinal en sculpture à condition de baisser encore de quelques degrés le niveau artistique de l'œuvre.

Des stalactites fort laides, des chauves-souris, quelques corridors qui aboutissent très vite, et c'est tout pour l'intérieur. En haut de ce rocher et sur son voisin, se trouvent deux pagodes très hardiment campées : si l'on se demande comment les anciens Égyptiens ont pu transporter les immenses monolithes qu'on trouve parfois dans leurs constructions, on est intrigué ici sur le moyen employé par les Birmans pour amener de simples briques où elles sont.

A mon retour, les buffalos, si grands qu'ils semblent des animaux antédiluviens, tantôt plongés dans l'eau jusqu'au mufle et dormant, tantôt errants, me font parfois un bout de conduite. Après avoir été assister le soir au festival de la pagode illuminée par les innombrables petites bougies des fidèles, je retourne me coucher à bord du *Rangoon*, non sans fermer hermétiquement ma moustiquaire, car Dieu sait le supplice auquel s'exposerait en ces pays et en rivière un malheureux qui essaierait de dormir sans cette précaution. Retour à Rangoon.

1er juillet. — Paper-hunt très nombreux; je le suis, monté sur un des nombreux poneys de mes trois hôtes; il est suivi d'une réunion dansante au palais du gouverneur général, M. Bernard. Dîné Pégu Club.

2. — Promenade à poney, lawn tennis chez M. Robertson.

3. — Parti le matin en chemin de fer pour Prome, point extrême du réseau anglais en Burmah. Cette ligne a été construite avec un matériel refusé à Calcutta et ne va pas très vite. Pour 12 roupies je m'offre 11 h. de chemin de fer, c'est pour rien, une roupie l'heure, juste le prix d'un fiacre à Paris, pourboire compris. Le trajet se fait en pleine forêt dont la végétation ressemble à celle du pied de l'Himalaya et possède aussi par moments des airs de forêt vierge, surtout dans les endroits marécageux. On y voit en plus cependant de nombreux tecks aux larges feuilles et quelques rizières inondées, ou des prairies non moins inondées, sur lesquelles flottent des têtes de buffalos endormis. Dans les rizières se promènent de jolis échassiers blancs de moyenne taille, au long bec fin et noir et à la tête ornée d'une petite huppe. Cet oiseau, très commun dans toute la Birmanie, est connu ici sous le nom de rice bird, ou oiseau de riz.

Jolis villages en pleine forêt: ses habitants livrent une guerre défensive incessante à la végétation qui la menace constamment d'invasion. A peine arrivé à Prome, je me précipite au steamer à bord duquel je ne dois pas passer moins de 8 jours pour gagner Mandalay par l'Iraouaddi.

Je retrouve à bord de l' « Iraouaddi flottilla » un vrai confortable. Cette ligne n'a jamais beaucoup de passagers ; ses cabines sont spacieuses, et, à l'avant, sur un deuxième pont couvert suspendu au-dessus du premier à l'aide de petites colonnes de fonte, la table est dressée en plein air près des cabines. Nombre de petites Birmanes viennent se baigner, fort décemment du reste, autour de l'avant pendant mon dîner avec le capitaine, et tout en dînant je m'amuse à regarder toutes ces petites têtes sortant de l'eau et nous riant au nez. Ce gai spectacle se renouvelle du reste sans interruption tout le long du fleuve à chaque station ; quelques-unes d'entre elles sont enroulées ici dans une jupe noire, ce qui les fait paraître encore plus blanches qu'elles ne le sont. Le petit fichu de crêpe de Chine ou de soie rose leur sied particulièrement bien.

Ces petites Birmanes ne sont cependant gentilles qu'à force d'être très mobiles, gaies et moqueuses ; il est vrai qu'elles ne s'en font pas faute ; leurs extrémités, leur peau, leurs traits même sont trop épais ; et si leurs dents sont belles, leurs bouches, trop épaisses aussi, n'en sont pas moins beaucoup trop fendues.

L'Iraouaddi étroit à Prome n'y mesure pas plus d'un mille de large ; sur les petites collines de formes très variées, souvent baroques, de la rive droite, des plantations régulières de custadapples ou pommes cannelles, et à leurs pieds, de petites maisons en bois ou en nattes qui ressemblent, de la rive opposée, à des boîtes de cigares ou à des joujoux.

Visité la pagode dorée de Promé qui, après celle de Rangoon, n'offre rien de particulier, De loin les 4 escaliers, qui marquent les points cardinaux et conduisent tout droit à la plate-forme, se détachent sur les flancs nus de la montagne et ressemblent, avec leurs séries de petits toits, à une tour chinoise. La pagode est entourée d'une suite non interrompue de petites niches à pignon, accolées, semblables entre elles et dorées, et d'un grand nombre de cloches sur lesquelles des fidèles birmans viennent frapper avec de vieux bois de cerf déposés à terre à cette intention. Le battant des petites clochettes est, comme à Rangoon, continué par une petite palette d'or qui pend bien bas en dehors de la clochette et donne prise au vent. Ces grandes pagodes elles-mêmes ressemblent à d'énormes cloches.

Le steamer est, comme toujours dans la Cie de l' « Iraouaddi flottilla », flanqué de 2 flats ou fourgons flottants et couverts, pour les marchandises, solidement amarrés à ses flancs; car il ne porte guère lui-même qu'une machine extrêmement puissante et des passagers; chacun des 3 bateaux porte un gouvernail en fer, long de plus de 2 mètres. Cette disposition qui consiste à étaler la charge sur l'eau, sur des bateaux plats, est nécessaire sur l'Iraouaddi où les bateaux, en certaines saisons, ne trouvent par endroit qu'un faible tirant d'eau. Le chargement et le déchargement sont en outre beaucoup plus faciles à chaque station. Grâce à cet arrangement la Compagnie remonte le fleuve pendant 900 milles. Elle compte 20 steamers et 50 flats, et rapporte entre 15 et 20 pour 100 à ses actionnaires. Comme notre salle à manger et nos cabines se trouvent en avant des flats, nous gardons la vue libre, et je découvre au départ encore plusieurs pagodes avant même de quitter Promé ; trois au moins sont dorées comme la première ; deux ou trois placées sur la rive opposée croisent leurs feux avec celles-ci. Ce spectacle nous suivra du reste presque tout le long du fleuve. Certains endroits contiennent autant de pagodes que de huttes, et plusieurs d'entre elles sont toujours dorées; on en rencontre aussi qui sont isolées et fort bien situées, toujours sur des hauteurs; un ktee harmonieux domine toujours la pagode et la montagne sur laquelle elle est située.

L'Iraouaddi a, en certains endroits, jusqu'à 5 milles de large et plus. C'est sur cette vaste étendue d'eau que je suis appelé à vivre pendant un mois environ. Souvent les deux bords du fleuve nous apparaissent comme deux légers lointains, tandis que sur ses eaux planent autour de nous des barques birmanes, gigantesques et légers papillons qui, remontant le fleuve avec nous, parviennent, poussés par la mousson d'été, non à s'envoler, mais à nous dépasser malgré le courant très violent du fleuve, en rasant les eaux comme une demoiselle.

Les Birmans construisent leurs bateaux avec un gros tronc d'arbre de thingan (hopea odorata) creusé et ouvert ensuite considérablement au feu. Une échelle de bambou part des deux bords au milieu du bateau, et ses deux côtés se réunissant au sommet forment un mât doublement assujetti, au sommet duquel est attachée, par son milieu, une immense vergue dont les deux extré mités sont faites de deux bambous : la longueur totale de cette unique vergue atteint parfois jusqu'à 130 pieds; une seule mais immense voile carrée, retroussée au milieu, forme deux ailes immenses, c'est par cette porte, ménagée exprès, que les quelques hommes de l'équipage passent à l'aise, ainsi que le regard de l'homme qui, perché à la proue, sur une chaise plus élevée qu'un banc de quart, souvent très artistement fouillée, tient la barre et dirige. Le corps d'une barque venant à vous, figure comme un point noir au-dessous du léger mais gigantesque animal. Comme bien on peut penser, ce n'est pas tout le long de cette vergue aux extrémités si fines et recourbées en l'air, mais contre l'échelle verticale que se cargue l'immense voile que l'homme serre ou déploie de chaque côté à la fois comme un rideau.

Le teck n'est plus guère employé que pour la construction de larges bateaux, qui, infiniment moins gracieux que ceux-ci, sont faits de planches et ne servent plus guère qu'au transport du pétrole dans le haut Burmah ; il est surtout réservé pour l'exportation, ce qui lui donne une énorme valeur.

En arrivant près de Tayet Myo, la forêt cesse et les pentes diminuent, mais la plaine reste aussi verte que la forêt.

Arrivé à Tayet Myo, poste anglais où nous débarquons à grand'peine et à grand renfort d'hommes de corvée quatre grosses pièces d'artillerie, ce qui ne nous prend pas moins d'une demi-journée, je vais pendant ce temps visiter le fort avec le Père Guérin, missionnaire français réputé comme chasseur dans tout le Burmah, et actuellement aumônier dans l'armée anglaise à Tayet Myo. Vingt éléphants du gouvernement viennent charger et emporter une cargaison de poudre que nous apportons également: nous laissons les pièces sur la grève et levons l'ancre à midi. J'ai la bonne fortune de voir Mgr Bourdon, évêque de Mandalay, et chef de la mission du haut Burmah et des tribus voisines, monter à bord, et tout de suite après notre départ nous entrons dans la Birmanie indépendante.

Entre notre steamer et ses deux flats se sont établis deux courants extrêmement violents, d'autant plus violents que nous remontons le fleuve, et une des principales précautions du pilote, que nous changeons à presque toutes les stations, est d'éviter que quelqu'un des nombreux troncs d'arbres que nous voyons flotter le long de notre machine et sur tout le fleuve, ne vienne à s'engager dans un de ces deux étroits passages, ce qui briserait immanquablement une de nos deux roues à aubes. C'est aussi par crainte de cet accident que les bateaux de la Compagnie stoppent toujours la nuit.

Stoppons successivement à différents villages, le 6 à Meclah où se trouvent des pièces de canon grossières et des coulevrines en face d'un fort construit par des Italiens; puis le pays s'aplatit de plus en plus, et le fleuve s'élargit jusqu'à 6 milles.

Le fleuve roule presque autant de sable que d'eau; il suffit pour s'en convaincre de voir le fond de sa cuvette en faisant sa toilette ; des bancs de sable entiers se déplacent continuellement au milieu de son lit; quelques-uns sont apparents en ce moment.

Passons la nuit à Magoné, où un personnage à parasol monte à bord. Il porte au roi 30.000 roupies d'argent, dans une infinité de petites boîtes faites de nattes de bambou comme les maisons du Burmah, et cachetées.

Stoppé à Genanzi (rive gauche) à l'entrée d'une petite

vallée. C'est ici que se trouvent, avec un grand nombre de pagodes et de monastères entassés sur les falaises au nord du village, les puits de pétrole. C'est cela qui est bon pour les festivals! Aussi voyons-nous à terre les restes noircis de plusieurs tonneaux qui, bien que remplis de boue de pétrole, ne se sont pas trouvés complètement consumés lors de la dernière fête. Je ne puis voir jusqu'où s'étendent dans les sables très vallonnés pagodes et tonneaux, car en prenant le large nous découvrons encore quantité de nouvelles pagodes sur les falaises. Les puits de pétrole sont, comme tout ce qui couvre le sol birman, la propriété de « Sa Majesté aux pieds d'or, maître de la terre et de l'eau, des éléphants blancs, de la lance tombée du ciel qui rend invincible, etc. ». Il y a toutefois ici un concessionnaire qui doit réaliser des bénéfices supérieurs à ceux de Sa Majesté.

Mgr Bourdon, qui a bien voulu me mettre d'une manière générale au courant du boudhisme, interpelle une petite marchande en birman, lui disant que lui est un pongee chrétien et qu'elle acquerra des mérites en lui offrant quelque peu de sa marchandise. Celle-ci, après un court instant de réflexion, s'exécute et lui offre le plus gentiment du monde du sucre de palmier, en nous montrant ses dents blanches, en retour de quoi il ne lui donne aucune rémunération.

LE BOUDHISME

Beaucoup causé du boudhisme avec Mgr Bourdon qui, vivant depuis 20 ans face à face avec lui, le possède parfaitement. D'abord pas question de Dieu, Gaudamah n'en parle pas; il prêchait en son propre nom comme Boudha. Un autre Boudha est annoncé par lui : il viendra dans quelques milliers d'années environ, possédant également la science universelle, prêcher de nouveau les hommes et les remettre dans la voie du vrai, dont il prévoit qu'ils se seront écartés. Pas de sacrifice d'aucune sorte, partant pas de prêtres. Les pongees ne peuvent être assimilés qu'à des moines qui se retirent du monde pour travailler à l'amélioration de leur propre sort après transformation, mais qui, faisant leur principale occupation de l'étude des lois de Gaudamah, font nécessairement autorité en cette matière, peuvent être consultés, sont écoutés, et jouissent en raison de cela d'une grande considération.

Ils prennent les 3 engagements : pauvreté, chasteté, obéissance au supérieur pour le temps de leur séjour au monastère; mais pas de vœux, ils sont toujours libres de se retirer de la corporation.

La morale boudhiste est semblable à la nôtre, ce qui fit dire à certains esprits sans foi que Jésus-Christ alla de 20 à 30 ans puiser sa morale aux Indes dans le boudhisme très connu déjà à cette époque dans tout l'Orient. Le point commun le plus saisissant est le suivant. Le boudhisme est la seule religion qui, en dehors de la nôtre, parle des mauvais désirs et en fait un péché égal à la faute même; l'Ancien Testament avait toutefois déjà établi ce principe, et N.-S. n'a fait que le confirmer. Cette religion ne parlant pas de Dieu n'en admet aucun; un semblable oubli de la part de Gaudamah serait inadmissible, aussi se demande-t-on naturellement à qui s'adressent les prières, les petites bougies, les petits papiers découpés des fidèles (Gaudamah étant arrivé de sa personne au néant considéré comme le bien suprême, rien de lui ne subsiste ni dans la terre, ni dans le ciel, ni ailleurs: c'est une âme perdue, disparue), et qui enregistre les bonnes ou les mauvaises actions des hommes pour leur en tenir compte pendant l'interminable série de leurs transformations?

Aussi la religion, si on veut la résumer, consiste-t-elle pour l'adepte en une seule chose: mérites et démérites. Les mérites ou démérites acquis par une âme restent avec cette âme, font âme avec elle, et suivant qu'une âme est plus ou moins chargée de mérites ou de démérites, elle sera plus ou moins près du néant, et plus ou moins heureuse pendant l'interminable série de ses transformations. Si elle passe dans le corps d'un cheval et qu'elle soit très méritante, ce cheval aura un bon maître, de bon grain, de bonne herbe toute sa vie, et il ne boitera jamais, ce qui sera une bonne affaire pour son bon maître qui par la même occasion se trouvera également récompensé des bons soins qu'il prendra de lui, s'il en prend! Mais arriver au Néant, à la Nirvana, est très difficile; il est presque impossible d'y arriver actuellement, il en sera ainsi jusqu'à l'arrivée du Boudha prochain, qui peut-être viendra enseigner aux hommes quelque procédé plus expéditif que ceux connus jusqu'ici.

Les Birmans tiennent à honneur d'avoir beaucoup d'enfants. En créant un enfant ses parents ne créent pas une âme, cette âme existait précédemment dans le corps d'un animal quelconque; mais en donnant à cette âme la forme humaine, ses parents lui donnent les moyens d'acquérir des mérites et en acquièrent eux-mêmes par ce seul fait. Au lieu de tirer une âme du Néant, ils ont le doux espoir de l'y reconduire. Tout cela est la loi de la nature, c'est comme cela, c'est Gaudamah qui l'affirme, Gaudamah qui possédait la science universelle. En voilà assez, il n'en faut pas demander davantage ni à Mgr Bourdon, ni aux pongees, ni à Gaudamah lui-même s'il vivait encore quelque part quelque chose de lui. Il nous a dit, avant de s'évaporer, tout ce qu'il avait à nous dire.

Mille superstitions accompagnent bien entendu le boudhisme.

Le Burmah est le pays où le boudhisme s'est conservé le plus pur; il est à Ceylan trop près du brahmanisme, au Tibet trop près du lahmisme, et en Chine mélangé des doctrines de Confucius. Ici aucune influence étrangère. C'est aussi le pays le plus près de celui où vécut Gaudamah, né en Indoustan près de Delhi; les Tibétains en sont déjà séparés pas l'Himalaya. Il y a bien un ciel et un enfer, mais ils ne sont pas éternels et il paraît que ce ciel-là ne vaut pas le Néant. Quiconque a de l'argent et veut se faire brûler à ses frais peut le faire; le dernier roi ne s'est pas fait brûler.

Pendant que le monde, qui peut périr par l'eau et par le feu, se transforme à l'instar des âmes qui ne meurent pas, ces dernières font vraisemblablement un stage au ciel ou en enfer pendant ce temps-là.

Quelques auteurs ont contesté que Gaudamah ait vécu avant Jésus-Christ; mais de l'aveu même de Mgr Bigaudet, actuellement encore évêque de Rangoon, Gaudamah vivait 400 à 500 ans avant Jésus-Christ. (Mgr Bigaudet, évêque français, a écrit la meilleure Vie de Gaudamah, en anglais.)

Les fêtes religieuses sont faites par les fidèles et comportent suivant le programme du jour toutes les jouissances imaginables, danses, processions, petites bougies, fleurs, le boire et le manger, et le reste ; elles peuvent très bien avoir lieu sans le secours d'une pongee. Elles sont ici d'autant plus nombreuses et suivies que les Birmans aiment à s'amuser.

La seule représentation palpable de ce culte consiste dans des statues de Gaudamah, il en est trois modèles : assis en tailleur et méditant, debout comme le soldat sans armes et prêchant, couché sur le flanc appuyé sur son coude, il est alors mourant.

Les plus grandes fêtes sont les enterrements, ou plutôt la crémation d'un pongee. Aussi les brûle-t-on quelquefois seulement trois ans après leur mort ; tout ce temps est employé à amasser de l'argent pour faire la fête plus complète.

Les autres analogies avec les doctrines chrétiennes sont nombreuses : le premier homme et la première femme ne connurent leur sexe qu'après avoir goûté d'un riz grossier. Gaudamah fut enfanté par une vierge, etc.

Le premier acte de Gaudamah, roi du nord de l'Inde, fut l'abolition des castes ; c'est le dégoût que lui firent éprouver cet état de choses et les brahmes, qui l'amena à faire un schisme. Une seule chose toutefois resta commune à ces deux religions : c'est la vache ! Pas plus qu'en Kashmir il n'est permis dans le Burmah indépendant de les tuer, les taureaux non plus. Les corps des vaches sont des demeures que l'ordre des choses réserve toujours aux âmes privilégiées ou méritantes, et comme il n'y a pas de moutons en Birmanie, que les côtelettes du bord sont épuisées, chacun de nos repas se compose de deux ou trois plats de poulet et quelquefois de chevreau.

Le cuisinier, un Madrassee, vient en pleurant se jeter aux genoux de Mgr Bourdon et se plaindre de la brutalité du capitaine à son égard; celui-ci fait ce qu'il peut pour améliorer son sort, mais lui n'améliore pas sa cuisine.

Il résulte de tout cela que les Birmans, naturellement paresseux et voleurs, cherchent en quelque sorte à se voler leurs mérites. Dès qu'un Birman a fait quelque bénéfice, il s'empresse, avant d'être signalé à la rapacité des ministres, des fonctionnaires éphémères de la cour qui le dépouilleraient purement et simplement au premier avis, d'étaler son or sur quelque pagode pour gagner rapidement un lot de mérites. Le premier prétexte venu suffit aux puissants ravisseurs; celui d'avoir tué une vache est fort employé. La ferveur religieuse est ainsi entretenue par la rapacité des fonctionnaires.

Les ministres qui se sont succédé, depuis le premier jusqu'à celui d'aujourd'hui, apportent tous au pouvoir les mêmes vices : égoïsme, vénalité et rapacité. Dès qu'un homme arrive au pouvoir, ses prédécesseurs disparaissent. A ces derniers il ne reste plus qu'à se cacher, eux et leurs biens, à les étaler en feuilles d'or sur des pagodes, tout au moins à faire les morts et à conspirer de leur mieux ; le roi est le hochet qu'il s'agit de voler, mais il est bien gardé et ne sort pour ainsi dire jamais de son palais.

Le boudhisme s'appuyant avant tout sur la négation des castes, il n'existe guère d'aristocratie dans les pays boudhistes (qui sait ce que sont devenus les descendants des derniers rois de Pégu?) sauf à Ceylan, où le pouvoir n'a jamais pu se centraliser, et au Japon, dont la très ancienne et puissante féodalité s'appuyait sur le Sinthoïsme, religion spéciale au Japon et antérieure au boudhisme, d'après laquelle le Mikado descend du ciel directement : cette religion est la seule reconnue officielle encore aujourd'hui par le gouvernement japonais.

Un ministre fut disgracié pour avoir construit une pagode plus belle que celle du roi à qui les biens du ministre maladroit firent retour, et peut-être aussi les mérites acquis. Quand le roi, même un ministre, fait construire une pagode, j'ignore si les âmes des travailleurs s'en vont, elles aussi, chargées de mérites; mais leurs poches, s'ils en avaient, n'en deviendraient pas plus lourdes.

Malgré le culte des vaches et la défense de les tuer, le commerce des peaux est un des plus importants du Burmah ; c'est dire le respect porté aux édits du roi et à la religion même.

Le meilleur moyen d'acquérir des mérites, pour le commun des mortels, est de faire l'aumône aux pongees, Aussi voit-on parfois ces derniers jeter au vent le contenu de l'espèce de soupière en laque du pays, dans laquelle ils reçoivent les offrandes, pour recommencer à mendier et ne pas priver les Birmans de l'avantage de donner. Cette idée est tellement ancrée chez le peuple birman que le mot « merci » n'existe pas dans leur langue. Pour inculquer la reconnaissance aux petits chrétiens, les missionnaires qui se trouvent en Birmanie ont dû chercher des périphrases. Ceux de Mgr Bourdon disent à qui leur rend service : « Vous m'avez fait un bienfait. »

Les pongees en Birmanie, tout pongees qu'ils sont, restent Birmans, c'est-à-dire voleurs, et bien qu'ils se conforment à peu près aux règles qu'ils nous donnent comme celles de Gaudamah et à quelques autres créées par eux et énumérées dans le *British Burmah* de Forbes, lesquelles ont surtout pour but d'assurer leur existence paresseuse, il en est qui trouvent moyen d'éluder ces règles fort habilement. Comme ils ont pris l'engagement de ne jamais toucher la monnaie, quelques-uns, avant de la prendre, recouvrent leur main d'un pan de leur robe, et après quelques répétitions de cette petite farce, ils quittent le monastère et se marient; d'autres ne pouvant se procurer de bonnes pièces de monnaie en fabriquent de fausses. Pendant mon séjour à Mandalay, on dut, malgré tout le respect qu'on lui devait, en assommer un pour ce motif.

Les juges anglais dans les quelques contestations qu'ils peuvent avoir à Rangoon leur donnent toujours systématiquement raison, croyant ainsi flatter avec fruit, pour eux, les croyances populaires.

PAGAN

Après avoir longé quelques petites collines couvertes d'arbustes et pittoresquement découpées, nous retrouvons la plaine et passons devant les anciennes et célèbres ruines de Pagan, qui fut capitale de la Birmanie il y a sept ou huit siècles; puis un immense champ encore en partie sacré où se trouvent les ruines curieuses d'anciennes pagodes ; de nouvelles naissent de la poussière des anciennes; on en voit plusieurs centaines, peut-être mille de toutes sortes, quelques anciennes accusent un certain style régulier tout à fait particulier et original, qui semble abandonné aujourd'hui comme trop compliqué ; on en voit des carrées avec terrasses étagées quelquefois au nombre de sept. Les principales de ces assises sont marquées par une petite ouverture ou fenêtre et portent à chacun de leurs quatre angles un petit pavillon couvert d'un petit dôme très allongé de forme indoue. Le monument entier est dominé par un dernier dôme de même forme, mais beaucoup plus important que les autres ; celui-là abrite encore souvent aujourd'hui quelque gros boudha doré ou noir ; quelquefois même quatre boudhas accolés dos à dos, mais bien entendu ces détails intérieurs nous échappent.

Toutes les pagodes ont cela de commun en Birmanie, les anciennes comme les nouvelles, qu'elles se terminent presque toutes en pointe.

De loin on les croirait en verre, ou en sucre filé. Les anciennes pagodes de Pagan, tout au moins les plus belles et les plus originales, sont très exactement décrites dans le livre de Fergusson sur l'architecture orientale.

Les ponts supérieurs de nos trois bateaux, car ils sont tous trois à deux ponts, sont encombrés de Birmans ; on vient nous signaler un d'eux qui se meurt ; quelques minutes après il est mort en effet ; on le coud dans une natte avec quelques barres de fer et on le jette à l'eau ; ses voisins en profitent pour se desserrer un peu, et tout est dit.

Apercevons de loin quelques barques portant un personnage à ombrelle d'or, qui vient déposer à notre bord 15.000 roupies pour le roi.

Stoppons à 6 h. 30 min.; les lames du fleuve déferlent avec bruit contre le bateau, nous finissons par nous endormir sous nos moustiquaires devenues de plus en plus indispensables. Lors de l'expédition anglaise, des hommes, pour éviter les moustiques, se jetèrent à l'eau, dit-on, et quelques-uns se noyèrent.

Comme chaque matin, j'achète avant le départ un délicieux ananas que je mange dans la journée.

Stoppé toute l'après-midi à Mien Gyan. Plus de cent pagodes où quantité de grands mâts rouges supportent des griffons ailés; des monastères. Ces derniers établissements, tout en bois, avec débordement de sculptures à l'aspect hérissé, bordant les toits, s'attachant à tout ce qui est rampe ou bordure, et adoucissant les lignes un peu trop rigides de la construction, semblent résumer toute l'architecture birmane de ces monuments qui ne diffèrent entre eux que par les dimensions.

On voit dans la campagne une chaudière abandonnée et différents vestiges d'une machine à presser le coton, que l'ancien roi possédait ici. Il en a été d'elle comme de tant d'autres, et comme de tous les bateaux à vapeur du roi qui marchent jusqu'au départ du premier écrou ou jusqu'à explosion.

Sauf Mien Gyan et un petit endroit également couvert de pagodes où l'on remarque deux lions d'au moins 20 mètres de haut, nous ne voyons plus depuis Pagan que d'anciennes capitales. Les différents rois les déplaçaient souvent, mais toujours en montant vers le nord. Les Anglais pourraient bien un jour envoyer le roi plus haut qu'il n'aurait envie d'aller, jusqu'en Chine, où il serait du reste froidement reçu.

Partis à 5 h. du matin, nous passons dans la soirée devant Sagang, situé au pied des collines du même nom ; peu après devant Amarapoora, située à notre droite presque en face, pendant que devant nous, à l'endroit où le fleuve tourne brusquement à gauche, au confluent d'une rivière qui la sépare d'Amarapoora, se trouve Ava, la dernière capitale avant Mandalay. De ces trois anciennes capitales on ne voit plus actuellement que trois forts modernes construits, je crois, par des Italiens, et chargés seuls avec quelques huttes et quelques ruines de pagodes de les rappeler ; des arbres splendides sont toujours debout au milieu de ces ruines. C'est ici le plus bel endroit de l'Iraouaddi. Ces trois forts pourraient croiser leurs feux entre eux s'ils étaient armés.

Après avoir tourné à gauche, nous continuons à longer les montagnes de Sagang dont chaque sommet est dominé par une pagode.

Au pied de chacune d'elles vient aboutir un escalier parti du bord même de la rivière qui, malgré une pente parfois extrêmement raide, y mène directement ; certains font penser à l'échelle de Jacob.

D'autres pagodes placées plus bas poussent jusqu'au bord du fleuve leurs griffons, leurs lions colossaux et jusqu'à leurs blanches terrasses, dont les premières marches trempent dans l'eau du fleuve, immense en cet endroit, au milieu d'un fouillis de tamarins, de cactus et de palmiers placés au pied de collines plutôt dénudées. Le fleuve quitte enfin sa vilaine couleur jaune pour adopter de beaux tons verdâtres.

Tout ce côté est cependant désert, on croit voir un cimetière de géants, ou tout au moins celui des rois de Birmanie enterrés près de leurs quatre dernières capitales ; car Mandalay se trouve à peu près en face.

Stoppons le soir au port de Mandalay, un petit endroit bien laid d'où on ne voit absolument rien de la grande capitale dont les portes du reste sont fermées tous les soirs.

Le steamer est mouillé au-dessus de la flotte de guerre royale composée de trois ou quatre bateaux achetés aux Anglais. Ces bateaux, livrés à des capitaines et à des équipages birmans, ont l'habitude de marcher jusqu'à ce que la chaudière saute, ce qui n'est jamais long à venir.

Le lendemain matin je trouve à louer un poney, près du port, je pénètre en ville et vais à la mission. Par Mgr Bourdon je fais vite connaissance avec la colonie française, c'est-à-dire avec presque tous les Européens résidant à Mandalay. Tous étaient au service du vieux roi, dont la mort fut marquée, il y a deux ans, par le massacre de quatre-vingts princes du sang (deux qui réussirent à s'échapper furent d'abord internés aux Indes Anglaises, et sont actuellement réfugiés à Pondichéry). Mais ces changements de rois se passent, paraît-il, toujours ainsi par le fait de quelque révolution ourdie et exécutée par des ministres scélérats. Un jeune prince fut seul épargné et succéda au vieux roi assassiné. Le jour de ce massacre a bien failli être le dernier du Burmah indépendant : une expédition anglaise était prête à partir ; quatre hommes et un caporal, je pense, eussent suffi : mais Londres refusa son consentement.

La colonie française en dehors de la mission se compose d'un ingénieur courageux et entreprenant, peut-être trop, M. Bonvillain, qui amena ici, pour le compte du vieux roi, quatre personnages dont trois sont maintenant à sa charge ou à peu près, le palais ne payant pas très exactement : un graveur qui n'a plus de bois pour travailler, un relieur qui n'a ni carton ni colle, un peintre (celui-ci engagé à 1.500 rupies par mois resta ici un an, ne fit jamais un seul tableau et est actuellement rentré en France), et un photographe. Ce dernier est le seul qui travaille, son succès est même assez grand en ce moment ; c'est aussi le seul qui ait le droit de se lever devant le roi, pour mettre au point ; ses affaires vont assez bien, aussi fit-il dernièrement venir sa vieille mère. Par exemple il ne communique jamais aucune épreuve de Leurs Majestés, il y va sinon de sa tête, au moins d'un nombre appréciable de coups de rotin.

Je trouve également un M. de Facieu appelé ici le général de Facieu, dont le fils est employé à Rangoon au service de l'administration anglaise, et avec lui sa femme et sa fille, et un ancien officier, M. de Treveleuc, qui au moment où je transcris ces lignes se trouve à Paris, accompagnant l'ambassade birmane.

Avant les massacres, l'Angleterre avait à Mandalay un résident, M. Sainte-Barbe, qui, pris de peur, abandonna son poste le jour ou le lendemain des derniers massacres ; il fut froidement reçu à Rangoon, mais n'a pas été remplacé.

On trouve également ici un certain signor Andrino qui porte le titre de consul italien, il est correspondant de l' « Iraouaddi flottilla »; et un petit débitant allemand.

Je déjeune successivement chez Mgr Bourdon, chez les Facieu, et dîne, dès l'arrivée de Garanger, qui vient me rejoindre par le premier bateau, chez M. Bonvillain, le seul chez lequel je puisse coucher, chose très appréciable, car les portes de la ville fermant de bonne heure, il nous serait impossible de rentrer à notre bord après dîner.

Garanger et moi remettons à notre retour de visiter Mandalay, et nous partons le 15 pour Bahmo sur un petit steamer de l' « Iraouaddi flottilla » dont le tonnage doit être à peu près moitié de nos premiers steamers. Notre arrivée aurait pu déranger le capitaine et le second installés à bord avec femme et enfants et même un poney; mais il n'en est rien, et bien que nous soyons les deux seuls passagers, nous avons de la peine à obtenir chacun une cabine.

Ces deux familles vivent du reste en si mauvaise intelligence que, le troisième jour après notre retour à Mandalay et notre départ du bord, à peine le bateau avait-il repris le large pour Bahmo, le malheureux second fut trouvé assassiné dans sa cabine et le capitaine remercié par la compagnie à la suite de cet événement.

Cet excellent capitaine, dans l'espoir sans doute de nous voir boire avec lui le claret que son épouse a acheté avant de partir, à notre intention, nous fait la politesse d'arrêter son steamer à la pointe des collines de Sagang en face de Mandalay pour nous permettre d'aller visiter la fameuse cloche de Mengoon, placée au pied d'une ruine qui n'est plus qu'un amas de briques. Première cloche du monde, comme dimensions, après celle de Moscou; celle-ci n'est pas suspendue non plus; elle est marquée comme celle de Rangoon de plaques nombreuses d'or et d'argent, venant de bijoux jetés par les fidèles dans la coulée au moment de la fonte.

Réussissons aux étapes à tirer quelques canards, grâce à l'aide du canot du bord; manquons plusieurs cormorans du bord même du steamer ainsi que de grands échassiers. Le claret est tellement mauvais que nous devons y renoncer, d'où grande colère de madame la capitaine à qui il va rester pour compte, et défense nous est bientôt faite par son époux de faire plus longtemps à bord usage de nos fusils que nous avons eu tant de peine à cacher et à passer à la frontière birmane. Nous nous dédommageons en allant pendant les haltes tirer aux environs quelques poules de bois, un très bon manger. Nous passons deux jolis défilés: le premier se trouve en pays plat et en pleine forêt; de petits villages cependant se font jour à travers cette belle végétation. Les pilotis qui supportent leurs petites cases au bord de l'eau semblent être des arbres encore vivants dont on a coupé la tête dans ce but.

Nous y croisons l'autre bateau de la compagnie qui amène deux voyageurs anglais, M. Coquhoune, et son ami, qui devait mourir en arrivant à Rangoon; ils arrivent tous deux de Shanghaï.

Pénétrons enfin dans des montagnes que nous croyons atteindre à chaque instant depuis notre sortie du premier défilé, et qui s'obstinent à rester à notre droite; c'est au milieu d'elles que nous trouvons le deuxième défilé, celui-là très accidenté et pittoresque: bien que les montagnes ne dépassent pas deux cents à deux cent cinquante mètres de hauteur, l'Iraouaddi s'y trouve resserré jusqu'à moins de deux cents mètres ; la profondeur en cet endroit est de soixante brasses. Les pentes sont couvertes d'une végétation épaisse qui ressemble par endroits à une immense toile d'araignée au travers de laquelle les grands arbres ont quelquefois peine à se faire jour.

Le pays s'aplatit, l'Iraouaddi s'élargit de nouveau jusqu'à deux milles, et nous arrivons à Bahmo avec le Père Kadou, de la mission, que nous avons pris en route.

Ici nous ne trouvons que des Français à la mission catholique et trois missionnaires protestants. Inutile de mentionner notre intéressant capitaine, fort occupé à empoisonner les quelques jours qui restent à vivre à sa malheureuse victime, et à tourmenter la trop nombreuse famille de celui-ci, sur laquelle le lieutenant, qui nous paraît cependant un brave homme dans le fond, semble se venger fort injustement, battant ses enfants à tour de bras sous les prétextes les plus futiles. Je laisse à penser si l'équipage en a, lui aussi, sa part ; un matelot meurt pendant notre séjour ici, du choléra nous dit-on.

Déjeuné à la mission, une baraque en bois, sur le bord de l'eau, qui contient une petite chapelle dans la plus grande pièce, et le logement des Pères (le Père Simon et un prêtre birman). En compagnie de ces deux Pères et du Père Kadou, nous faisons honneur à d'excellentes provisions qu'un docteur allemand vient d'envoyer de Rangoon à la mission, en remerciement de l'aimable hospitalité qu'il y a reçue ici des Pères français.

Après déjeuner nous allons visiter la ville.

Bahmo n'est qu'un gros village qui contient presque autant de Chinois que de Birmans (il en est du reste de même à Rangoon). Ce village-ci est entouré de palissades, et les portes ferment le soir à 9 heures.

Des rues entièrement chinoises sont dallées avec soin de larges briques, et tout le long de ces rues règne une activité silencieuse ; ce ne sont toujours pas les quelques fumeurs d'opium réunis dans des salles publiques, où un confort élémentaire semble leur être réservé, qui peuvent en troubler le silence. D'autres sont occupés à tailler des pierres brutes de jade avec la corde en fer tordu d'un petit arc dont ils se servent comme d'une scie ; de temps à autre ils arrosent d'huile leur travail. Par ce moyen, ces patients ouvriers ne mettent pas plus de 10 jours à couper en deux un morceau de jade gros comme un pavé. Garanger, qui en possède pour 30,000 francs environ et n'a pas même trouvé en Europe à le faire dégrossir, ne s'étonne nullement de ce qu'on lui raconte, moi non plus dès lors.

Ces rues sont autant de petits bazars où se vendent beaucoup de ces vêtements bleus brodés dans le goût russe et décorés de perles, adoptés par les Shans, les Kakchins, etc.

On trouve à Bahmo quelques Shans portant, comme certains Birmans de ces contrées, d'immenses chapeaux faits d'herbes du pays et grands comme des parapluies.

Le lendemain, en cherchant à tirer quelques coups de fusil en compagnie du Père Kadou, nous nous arrêtons au camp des Kakchins descendus des montagnes situées au nord de Bahmo et auxquels l'entrée de la ville est actuellement interdite. Le Père Kadou réussit à vivre deux ans au milieu de ces derniers, voire même à rapporter de chez eux une robuste santé dont font foi son appétit et son inaltérable bonne humeur, et une belle voix sonore, avec laquelle il entonna hier après déjeuner la *Marseillaise* et quelques autres romances. Il vient chercher à Bahmo quelques posts (il a oublié le mot français) pour achever, avec l'aide de ses quelques Birmans convertis, la construction de sa maison située au milieu du défilé où nous l'avons pris. Il s'entretient avec une grande aisance avec tous les Kakchins présents, les bombardant d'une bonne blague française qu'il semble vouloir faire entrer de force dans toutes ces têtes de Chinois à faces méfiantes, bestiales et narquoises : il ne réussit toutefois ni à les faire changer de figure ni à les décider à nous vendre leurs sabres au baudrier de rotin orné de dents de tigre ou de panthère, dont ils ne se dessaisissent jamais hors de chez eux ; un de ces derniers ornements est la seule chose qu'un d'eux daigne nous laisser emporter en échange de notre monnaie.

L'unique culte des Kakchins est celui des knats ou esprits, car ceux-ci prirent à leurs voisins, Birmans et Chinois, non par leur religion, mais uniquement ce qu'il y a chez eux de superstitieux. Le Père Kadou dut une fois dans un village kakchin faire sa partie dans le charivari général auquel se livraient en chœur les habitants pour chasser les mauvais esprits qui hantaient le village et avaient amené la maladie ; trop heureux qu'on ne l'accusât pas lui-même de maléfice ; il lui fallut pendant toute une nuit frapper à coups redoublés de rotin sur les parois de son habitation en poussant des cris effrayants.

Ces tribus sont, bien entendu, indépendantes du roi de Birmanie et aussi, je crois, de la Chine.

Explorations. — Ces tribus kakchins sont le plus grand obstacle aux relations commerciales de la Birmanie, c'est-à-dire des Anglais avec la Chine par l'Iraouaddi encore navigable pendant 150 milles en amont de Bahmo, ils sont en cela d'accord avec leurs voisins les Tibétains; tout le sud de la Chine se trouve ainsi bordé d'une ligne non interrompue d'un mauvais vouloir dont les voyageurs ne trouvent pas trace dans l'intérieur de la Chine, où l'hostilité disparaît.

Une première tentative pour trouver la route des Indes au Yunam fut faite par le major Sladen en 1886 et resta infructueuse.

Une autre plus connue fut entreprise par Cooper. Celui-ci, parti par le Yang-tze-Kyang de Hang-How, tenta de traverser le Tibet, et, bien qu'il fût muni de passeports chinois, les Tibétains lui refusèrent poliment le passage selon leur habitude et sans doute aussi suivant leurs instructions secrètes. Cooper ne pouvant passer, il retourna à Shanghaï et finit au bout d'une deuxième tentative à traverser les Kakchins et à arriver ici même à Bahmo, où il fut tué en 1871 par un des cipayes qui l'accompagnaient et qu'il avait l'habitude de traiter très durement, les appelant fils de cochons, etc. L'Angleterre perdit en lui un hardi explorateur et un intrépide sportsman.

Un M. Brown partit en 1875 par Bahmo, chargé de présents destinés en partie à l'empereur de la Chine, mais les Kakchins s'en furent bientôt emparés, ils tuèrent M. Margary son compagnon, et Brown, pour avoir ses bagages, dut remplir deux mesures à riz avec des roupies pour retourner à Rangoon

Une expédition anglaise de 500 hommes eut lieu un an et demi après, cette fois encore sans résultat. Ces 500 hommes eussent toujours pu en passant s'emparer de toute la Birmanie ; mais l'Angleterre jusqu'ici ne paraît pas se soucier de ce morceau.

Le système de chantage est celui adopté par les Kakchins ; aussi est-il beaucoup plus facile à un missionnaire, qui n'emporte rien avec lui, de passer et même de vivre au milieu d'eux.

Un des trois missionnaires protestants actuellement à Bahmo arriva directement de Shanghaï, très facilement, il vient dîner à bord ce soir.

Je ne puis parler explorations sans citer deux officiers français, M. Fau et M. Moreau, venus à Mandalay en même temps que M. de Rochechouart, qui, se rendant à son poste à Pékin, s'arrêta en Birmanie et vint jusqu'à Mandalay, où il fut traité en ambassadeur et fit un très intéressant séjour. Ces deux officiers partirent de Mandalay vers l'est dans la mauvaise saison, malgré les avis de Mgr Bourdon qui les eût accompagnés s'ils avaient eu la sagesse d'attendre l'automne, pour trouver et ouvrir à ce malheureux roi de Birmanie, privé par les Anglais de son débouché naturel, l'Iraouaddi, un autre débouché par les montagnes et le Song-Koi où les Français avaient déjà pris pied. M. Fau mourut au bout de 12 jours, Mgr Bourdon partit pour rejoindre son malheureux compagnon et le ramener à Mandalay, mais il apprit le troisième jour de marche que celui-ci avait succombé à son tour. Lui ne croit pas à des assassinats ; cette opinion optimiste est cependant loin d'être partagée par la colonie. Il n'y a, dit-on, qu'un seul passage à l'est de ce côté.

La ville possède un temple chinois tout pareil à ceux de Canton. En place des lignes rigides que l'on voit exclusivement en Birmanie, ces gracieuses lignes courbes et ces coins relevés à la chinoise reposent l'œil et font plaisir à voir, malgré l'aspect massif et gris de ces constructions dont aucune dorure ni enluminure ne vient égayer l'aspect.

Celles-ci n'ont plus l'air de joujoux comme toutes les constructions birmanes sans exception, mais au moins semblent-elles solides et durables. Leurs gracieuses lignes chinoises sont un coup de crayon de maître à côté d'un dessin d'enfant. Les unes comme les autres se trouvent répétées indéfiniment chacune dans leur pays respectif, mais la ligne courbe chinoise est fort gracieuse; beaucoup moins monotone, elle ne fatigue pas à la longue comme l'autre. Une cour intérieure du temple chinois est très animée en ce moment. D'un côté, sur une scène ménagée à hauteur d'un premier étage, au-dessous même du porche d'entrée, jouent des acteurs chinois portant des masques terribles et de magnifiques robes brodées des couleurs les plus riches; ils sont armés de hallebardes terribles et exécutent des passes guerrières avec accompagnement de grands gestes, de grands pas surtout, la pointe du pied en l'air pour rendre ce pas encore plus menaçant, et de cris rauques assez semblables à ceux d'un coq qu'on écorcherait. Beaucoup de pièces chinoises se réduisent à ces pantomimes guerrières.

Le gouverneur de Bahmo est assis du côté opposé dans une sorte de niche, tandis qu'à sa droite et à sa gauche dans la cour se tient le vulgaire. Le boudhah chinois est niché dans une autre cour derrière un grillage.

Nous rentrons à la mission, toujours suivis d'un espion du gouverneur, qui nous suit jusque dans la chambre du Père Simon, s'assoit sans façon dans un coin et semble ne pas perdre un mot de notre conversation en français. Au bout d'une demi-heure il se décide à demander nos noms au Père Simon et quelques autres renseignements. Hier, deux Anglais sont passés venant de Chine, aujourd'hui deux Français arrivent de Mandalay; il doit y avoir quelque chose là-dessous.

Le système de gouvernement birman à l'intérieur repose entièrement sur l'espionnage. Les résidents de Mandalay en savent quelque chose; mais comme ceux-ci ont joué au gouvernement le tour de lui acheter ses espions qui trouvaient très amusant d'émarger des deux côtés, ce sont généralement des enfants, plus faciles à faire parler, que les ministres emploient actuellement à ce service.

Dernièrement je suis allé voir à Paris à l'hôtel Continental M. de Treveleuc, qui est venu accompagner les ambassadeurs birmans, et nous dûmes parler bas, un des ambassadeurs étant toujours aux écoutes dans la chambre voisine derrière la porte de communication, selon l'habitude. Peut-être cet écouteur ne savait-il même pas un mot de français, et n'agissait-il ainsi que par habitude ou dans l'espoir d'un mot birman. Quelques-uns des ambassadeurs avaient apporté de Burmah des saphirs et des rubis; M. Augier, bijoutier, à qui

Treveleuc les adressa pour faire monter ces pierres, dut les sertir devant eux, tant ils avaient peur de confier leurs pierres à un étranger. « On est donc bien voleur chez vous? » dit M. Auger aux ambassadeurs, ce qui les amusa beaucoup.

Le lendemain, ce fut au théâtre birman que nous nous arrêtâmes.

Ici pas de mise en scène : les acteurs jouent autour d'une grande poutre qui, placée au milieu d'un hangar, soutient le toit et semble jouer un rôle très important dans la pièce qui se passe autour d'elle. Les spectateurs sont autour des acteurs, et le gouverneur, qui se trouve assis au milieu d'eux, nous fait asseoir cette fois auprès de lui assez aimablement.

Puis, sortant de la ville, nous passons successivement devant le cimetière chinois, le cimetière birman où des loques brillantes de mousseline et de papier doré sont encore accrochées, et enfin devant le petit cimetière catholique où reposent deux Pères de la mission, morts depuis deux ans, et quelques enfants; les croix y sont toutes mutilées. Le Père Simon possède chez lui un petit mausolée destiné à recouvrir la tombe du dernier Père mort, son prédécesseur; mais il n'ose encore la placer, à cause des profanations fréquentes en ce moment.

Plusieurs groupes de petites Birmanes nous précèdent dans notre promenade; arrivées à un certain endroit, elles se cachent toutes la figure ou détournent la tête. Parvenus nous-mêmes à cet endroit, nous apercevons en effet dans les arbres un spectacle bien répugnant : un cadavre parcheminé, on pourrait dire calciné tant il est noir, est attaché en croix de Saint-André par les quatre extrémités, après un cadre de bambou; la tête est tombée, le reste n'est plus qu'une ruche à mouches. Si on n'a pas coupé la tête à cet homme avant de le crucifier, il a dû terriblement souffrir, livré ainsi au soleil et aux terribles moustiques de la rivière jusqu'à ce que mort s'ensuive. Un peu plus loin, nous suivons quelques Birmans jusque dans une hutte où se trouve le cadavre encore chaud d'un Madrassee qu'un Birman vient d'assassiner ce matin; on l'a du reste arrêté dans la mission même où il s'était refugié.

Repartons avec le bateau après trois jours de séjour. Nous ramenons à Pinthay le Père Kadou et ses bambous.

A la station suivante où nous tentons de chasser un peu, des Birmans viennent à la nuit tombante nous jeter des pierres; mais un coup de fusil tiré en l'air nous en a vite débarrassés, et après avoir repêché un Birman qui s'était maladroitement laissé tomber par-dessus bord et avoir attiré, bien à regret, une forte réprimande au lieutenant en nous plaignant au capitaine de ce qu'on mettait le couvert deux heures avant le dîner, ce qui nous privait de notre table, nous rentrons à Mandalay et quittons avec empressement ce *family boat* où l'esprit de famille ne se traduit guère que par des vexations ou des horions, et nous allons nous installer à bord d'un autre bateau de la Compagnie qui veut bien nous prendre en pension.

La ville de Mandalay ne s'étend nullement le long de l'Iraouaddi : ses derniers faubourgs viennent seulement y mourir, et si l'on ne savait où est la ville, on passerait en bateau devant elle sans se douter de son existence.

La ville est cependant extrêmement étendue, bien qu'elle ne se compose, à part le palais et quelques pagodes, que de huttes toujours légèrement surélevées au-dessus du sol et semblables à celles qui composent les villages birmans.

Comme, à part les pagodes, les capitales successives de la Birmanie ne se composent que de bambous et de nattes grossières, et qu'elles se déplacent assez fréquemment à la suite du roi, leur nouvelle installation se fait d'un coup ; aussi sont-elles sillonnées de grandes et larges artères qui se coupent toutes à angle droit. Au centre se trouve la ville proprement dite, complètement carrée et entourée de grandes murailles de briques rouges surmontées à la chinoise de petits pavillons espacés. Ce mur est entouré lui-même d'un grand canal formant un fossé de plus de 50 mètres de large avec des ponts devant les portes. On voit les bateaux dorés du roi au mouillage contre l'un d'eux, et enfin au milieu de la ville est le palais entouré, lui, d'une triple enceinte carrée, d'un demi-mille de côté ; la première enceinte est faite de madriers de bois de teck, et les deux autres de murs en briques, formant à elles trois deux chemins de ronde.

Le costume des hommes dans le haut Burmah est le même qu'à Rangoon, y compris le tatouage dont tout Birman est habillé depuis la ceinture jusqu'au genou. Ils semblent tous porter une culotte courte verdâtre, festonnée sur les bords. Il faudrait qu'un Birman fût bien misérable pour ne pas se faire tatouer dès son jeune âge ; cette opération demande plusieurs années, aussi voit-on des enfants avec une jambe blanche et l'autre bleue.

Les femmes ont un costume différent : au lieu de replier sur lui-même une sorte de jupon comme à Rangoon, elles portent le costume national prohibé par les Anglais comme *shoking;* c'est une simple pièce d'étoffe de soie de couleurs chatoyantes, qui ne ferme pas et laisse à chaque pas passer une jambe blanche et complètement nue, visible jusqu'à le naissance de la cuisse où le passeau commence seulement à croiser. Ces passeaux, les jours de festivals, sont tous faits d'une étoffe spéciale de soie tissée ici, et présentant un gai mélange de couleurs fort riches. Le passeau qui s'arrête à la ceinture est prolongé en haut par une étoffe brune et très souple dans laquelle jeunes filles et jeunes femmes renferment leurs seins, et en bas par une très légère pièce de soie rosée à fils d'argent; de sorte que par les jours de vent les traînes flottent comme les petits foulards. Les petites sandales après les pieds nus ajoutent encore à l'air traînant que donne ce costume, si bien que les jeunes filles semblent des enfants enroulés dans un rideau ou dans une simple traîne et costumées pour un jour de carnaval. Un gros cigare complète leur air cocasse. Ce costume, bien que général, est assez indécent.

Mission. — Le caractère insouciant des Birmans vient sans doute en partie de leur religion qui les condamne à des millions d'années d'existence sur cette terre, sous différentes formes, au lieu de les conduire directement à un ciel ou à un enfer quelconque. Le changement de religion n'en attire pour ainsi dire aucun; cependant Mgr Bourdon, qui connaît la Birmanie (que je connais un peu maintenant, grâce à lui surtout), crut devoir ordonner trois prêtres birmans, deux à Bahmo et un à Mandalay. De son propre aveu on ne peut rien faire ici, l'insouciance, la paresse et la facilité de mœurs des natifs usent ses efforts.

Dans son église, dimanche, comme Européens je vis le signor Andrino, les Facieu et la mère du photographe, quelques natifs d'origine portugaise, quelques enfants abandonnés (il se refuse à en acheter, bien qu'ils ne soient pas chers), et quelques Birmans nourris et habillés par lui, et c'est tout.

Il retient ici le P. Vial, celui-là même qui recueillit en Chine M. Coquhoun et son ami et amena ici à ses frais les deux malheureux Anglais; pour lui faire passer la saison des pluies, et perfectionner dans le chinois le P. Simon rappelé de Bahmo (le P. Kadou, non encore installé, et qui en sera pour les frais des cinquante bambous avec lesquels il devait construire sa maison à Puithay, remplacera ce dernier à Bahmo). Mgr Bourdon va essayer de faire quelque chose avec les Chinois de Mandalay, n'ayant pu réussir avec les Birmans.

Les filles de l'école ont un costume très décent (celui de Rangoon) et la tête couverte de petits foulards jaunes donnés par la reine.

La dernière supérieure (sœur Thérèse, une Grecque venue de Constantinople) est partie il y a quelques mois. Elle était, paraît-il, trop bien avec la reine. « Elle sacrifiait, dit le signor Andrino, la religion pour avoir de l'argent. » Toujours est-il que la sous-inspectrice la renvoya à Marseille; elle partit chargée de présents par la reine, qui lui donna 13.000 roupies pour son voyage, et ne la laissa partir que sous promesse de revenir. Elle eut beaucoup de peine à éviter avant son départ la cérémonie du serment birman dont elle était menacée : c'est un acte d'idolâtrie qui consiste à jurer sur Gaudamah, c'est-à-dire à écrire la formule birmane : « Que je meure de maladie honteuse, que les serpents, les tigres, etc., me dévorent si je ne tiens pas mon serment, etc. Après quoi on brûle le papier et on jette les cendres dans l'eau, on tourne, et enfin on boit en avalant son serment, que l'on répète ensuite devant Gaudamah.

Mgr Bourdon était fort bien avec le vieux roi qui lui avait donné quelques milliers de roupies; il a renoncé au palais, où on ne le voit plus jamais. Il n'a sans doute pas su plaire à la reine, plus âgée que le roi et toute-puissante : elle est jusqu'ici la seule femme légitime du roi, et tous ses efforts tendent à prolonger cette situation. Pour arriver à ce but elle entoure le roi de femmes qui, sous sa direction, travaillent sans relâche à l'abrutissement du jeune monarque.

Il y a un an, le roi avait prié Mgr Bourbon d'apprendre l'anglais à 500 élèves, et le P. Faure de leur enseigner le birman. Il leur offrit au bout du mois : à Mgr Bourbon, 500 rupies, et 50 au P. Faure, encore aujourd'hui à Mandalay. Ceux-ci refusèrent le tout, voulant être payés décemment ou travailler pour rien; ils ne reçurent pas de réponse et abandonnèrent les élèves.

Le P. Lecomte, à Mandalay aujourd'hui, réside aux environs, à l'endroit où sont gardés les éléphants du roi, si bien gardés que plusieurs retournent souvent à l'état sauvage et causent partout des dégâts considérables; les femelles ayant des petits sont fort dangereuses pour l'homme, qu'elles écrasent quelquefois quand elles réussissent à l'atteindre.

La pagode la plus curieuse de Mandalay qui en possède beaucoup, celle de Péhaguy, est située loin de toutes les autres qui se trouvent au delà de la ville du côté de la plaine; celle-ci est située dans les faubourgs du sud, à une distance de plus de 2 milles du bateau mouillé lui-même à hauteur du centre de la ville. En me rendant à cette pagode à poney: je trouve subitement en face de moi un Birman brandissant un immense rotin. Pendant que je me demande ce que peut bien vouloir cet agité, je reçois un vigoureux coup de rotin en travers de la figure; mon premier mouvement est de charger mon assaillant avec mon poney, mais le gaillard, qui ne se tient que trop facilement à distance, m'en applique un deuxième coup sur les doigts avant que j'aie pu remettre en mouvement l'animal; je renonce immédiatement à ma monture que j'abandonne au milieu de la rue, et me mets à courir après mon Birman qui détale. Ces gaillards-là courent comme des lièvres, et je suis bientôt distancé. Au moment où, assez penaud, je remonte à cheval, arrive un char à bœufs, la seule voiture du pays, assez semblable aux chars de Pékin où les routes ne sont pas énormément plus mauvaises qu'ici; les chars de Mandalay sont quelquefois prolongés en avant en forme de capote de voiture, ce qui leur donne un faux air d'un immense et lourd chapeau de femme 1830, à larges roues. Un autre Birman coiffé d'un petit mouchoir blanc enroulé sur sa tête en rond de pâtissier, ce qui est l'insigne des gens du palais et des dignitaires, descend du char. Mon premier Birman, qui avait disparu, revient se jeter à genoux devant le second, qui lui prend délicatement des mains le long rotin avec lequel il m'a si courageusement attaqué tout à l'heure, et lui en administre devant moi quelques bons coups sur l'échine. J'ai su depuis que le milieu du chemin est réservé aux ministres quand ils sortent.

Contrairement à l'usage birman, la pagode de Péhaguy, est située dans un endroit plat et isolé, entourée de huttes, et presque entièrement dissimulée. De l'extérieur on n'aperçoit que sa grande flèche de bois de teck étagée et dorée. Quatre galeries couvertes, longues de plus de 100 mètres, ouvragées et dorées d'un bout à l'autre, bordées de 1.000 gros piliers de teck doré, conduisent des quatre entrées symétriques à l'immense pilier central dans lequel est creusée une chambre fermée par une grille dorée et contenant au-dessus un énorme boudha, doré comme tout le reste de la pagode. L'or ici vous entoure et vous aveugle de tous côtés dès votre arrivée; on ne marche pas dessus, mais on ne voit que cela autour de soi. Dans une des quatre cours carrées qui s'étendent entre les quatre galeries, on voit de très gros, très vieux et très curieux bronzes chinois, placés comme d'anciens trophées de guerre le long du mur d'enceinte.

Visité quelques autres pagodes du côté de la plaine. Celle qui frappe l'œil tout d'abord c'est la *Sans Pareille* qui ressemble extérieurement à un immense gâteau glacé, beaucoup plus large que haut et à terrasses étagées; l'intérieur qui se compose d'une immense salle est très soigné; il contient un immense boudha doré, de plus de 6 mètres de haut, qui porte un gros diamant au milieu du front. Des pongees sont occupés dans un coin à déchiffrer des écritures roulées à la manière antique. A côté, dans une autre pagode, on voit un autre immense boudha assis, en albâtre, qui a plus de 5 mètres de haut et 6 de large. Un peu plus loin 7 à 800 tables de marbre sont dressées et alignées sur plusieurs rangs autour d'une troisième pagode. Sur ces tables, hautes d'au moins 2m,50, sont gravés les préceptes de Boudha. Une quatrième est entourée de quatre-vingts boudhas.

Été à un festival, à une autre pagode située sur une hauteur aux environs de la ville, où se trouve un rocher énorme qu'un enfant fait vaciller avec la main et qu'on ne put jamais renverser. Sur la route s'étendent les beaux monastères dorés de la reine.

En retournant chez moi, c'est-à-dire à bord, je croise un long cortège devant lequel j'ai soin de me ranger, j'y vois des gens portant des vases du pays laqués ou dorés; d'autres ont des têtes d'animaux, d'autres d'immenses éventails en feuilles de latanier, de vieux costumes fripés, des corbeilles de musiciens; on dirait une vieille féerie qui déménage après cinq cents représentations; enfin, entre les deux files du cortège, un Birman à éléphant. J'ai su depuis que ce personnage, un grand de la cour, allait chercher à l'Iraouaddi de l'eau sacrée destinée à laver la tête de la reine, qui vient d'atteindre son septième mois de grossesse.

Certains établissements où affluent les Birmans sont assez nombreux à Mandalay. Sous de grands hangars ouverts, placés généralement à des coins, et ouverts de tous côtés, se trouve un nombre aussi considérable que possible de petites tables autour desquelles les Birmans viennent s'asseoir en masse. Sur ces tables, assez semblables à nos tables de cabaret, on ne voit cependant ni coupes ni flacons, rien qu'une série de numéros imprimés. Au milieu de l'établissement, sur une estrade, un homme fait de temps en temps tourner une roue. Ces établissements qui ne datent pas de plus de deux ans sont des loteries permanentes ou maisons de jeu, d'un revenu assuré pour l'État et le propriétaire, qui se constituent l'un et l'autre de forts avantages sur les amateurs. Les loteries de Mandalay rapportent actuellement 60.000 roupies au roi, elles ont rapporté jusqu'à 100.000 roupies; chaque petite table paye 5 roupies par jour à l'État. La roue et les tables comportent chacune soixante numéros, et les numéros pleins sont payés seulement cinquante fois. Sur les bateaux les jeux ne sont pas longs à s'improviser, c'est presque toujours quelque malin Chinois qui tient la banque; celui-ci, bien qu'à bord la chose soit toujours parfaitement libre et exempte de taxe, ne paraît pas aimer qu'on le regarde. Ces loteries furent, dit-on, introduites par un Italien.

Le jeu est ici une furie : femmes et filles restent en gage et les hommes eux-mêmes quelquefois, car une dette constitue le débiteur esclave de son créancier. Aussi les jeunes filles qui n'ont jamais coûté plus de 100 à 300 roupies, ont-elles encore bien baissé de prix depuis quelque temps.

A deux portes de la ville se trouvent deux petites boîtes hermétiquement closes qui témoignent de l'esprit de justice qui anima le roi un de ces jours derniers. Ces petites boîtes permettent à tout sujet birman de correspondre avec son souverain et de lui adresser directement telle accusation ou dénonciation qu'il croit devoir formuler. Il paraît que pour le moment le roi possède encore seul la clef de ces boîtes. C'est à la suite de dénonciations jetées dans une de ces petites boîtes au jour même de leur innovation, que fut arrêté et exécuté le dernier premier ministre Kin Woan Mingui, fils de celui qui ordonna les massacres. Son frère, qui faillit partager son sort, est sorti de prison hier.

Mais en face de ces petites boîtes se trouvent des vases d'huile, instruments dont se servent au besoin les ministres pour obtenir du roi ce qu'ils veulent, la baisse du niveau de l'huile dans ces vases étant un présage funeste. Autrefois on consultait en outre les éléphants blancs sur l'opportunité des décrets. A l'heure présente MM. les ministres ont si bien pris leur précautions, grâce à une police secrète parfaitement organisée, que les vases d'huile sont beaucoup plus puissants que les petites boîtes. On voit encore aux portes de la ville quelques vieux fusils rouillés qui accusent seuls la prétendue présence d'un poste ; les soldats doivent être les gens que l'on voit assis ou couchés dans les environs, car aucun signe distinctif ne caractérise ces militaires.

Trouvé au bazar quelques échantillons de vieille joaillerie birmane, la seule chose dans laquelle l'imagination de ces paresseux de Birmans semble s'être un peu exercée. Quelques-uns sont fort originaux.

Quelques artistes échappés du palais, et résidant à Rangoon, fabriquent en argent repoussé des coupes ou bols d'une étonnante décoration. Des éléphants, des tigres, des chevaux, des diables et des danseuses disloquées se livrent tout alentour aux contorsions les plus excentriques. Ces personnages ont un très grand relief. Quelquefois même dans certaines coupes se détachent complètement des animaux, des personnages, jusqu'à des arbres dont on peut compter les branches et même les feuilles.

Les bazars de Mandalay, comme ceux de tous les villages, sont imprégnés d'une forte odeur de poisson séché qui commence à me fatiguer tant soit peu, et refroidit bien ma curiosité au sujet de ces lieux de réunion. On trouve, dit-on, dans l'Iraouaddi des carpes superbes ; j'ai dû en voir beaucoup de desséchées, mais jamais de fraîches.

L'intérieur du palais du roi est encombré, paraît-il, d'objets européens, tels que fusils de chasse, lustres, meubles variés, très variés même. Ne sortant jamais du palais, le roi ne doit guère se servir de ses fusils ; ses lustres innombrables ne lui servent guère non plus, si j'en crois le petit docteur italien qui, appelé auprès de lui avant-hier soir, trouva le roi et la reine assis au pied de leur lit d'or, n'ayant pour toute lumière dans leur chambre qu'une chandelle dans une bouteille.

La reine trouvant l'autre jour un pou sur elle, le prit délicatement pour ne pas lui faire de mal, et le posa avec un sourire sur la tête d'une des femmes qui l'accompagnaient, où il reprit sa liberté. Une Birmane ne peut venir au palais que vêtue du costume national.

L'exportation des vaches et des juments étant défendue, ceux qui voyagent avec ces animaux doivent laisser leurs femmes en gage.

Le signor Andrino a déjà dû cette année distribuer à différents individus influents du palais, ministres et autres, quatre voitures qu'il a fait venir successivement de Rangoon. Son domestique dissimule aux agents du gouvernement la propriété de deux bœufs qu'il dit être à son maître afin de les conserver, ou tout au moins de filouter le fisc ; voilà une garantie pour son maître.

Chaque habitation paye 10 roupies au roi par an.

Il n'y a pas à Rangoon de maison, si petite qu'elle soit, qui paye moins de 2 roupies et demie par mois au gouvernement anglais, ce qui fait l'impôt anglais plus onéreux encore que celui du roi. Un Français, M. Dumont, ancien missionnaire catholique, à l'obligeance de qui j'ai eu souvent recours, est marié avec une Birmane. Vivant beaucoup avec les Birmans, ce qui est rare de la part d'un Européen, il les connaît bien et m'assure que la population indigène de Rangoon et de tout le British Burmah nourrit une haine terrible contre l'Anglais et qu'ils n'attendent qu'une occasion pour mettre le feu aux quatre coins de la ville.

Dumont a dû renoncer à l'exploitation d'un moulin à riz qui faisait pour trois lacks de roupies d'affaires par an, à cause d'un impôt de 3.500 roupies qu'il lui fallait supporter et qui a tué son industrie. Chaque individu, m'assure-t-il encore, paye ici 5 p. 100 de son revenu supposé, mais les négociants anglais éludent cette lourde charge.

On voit suffisamment d'après ces petits racontars ce que peut être la justice en ce pays. On peut dire que le Birman, si vieux qu'il soit, n'arrive jamais à l'âge d'homme ; il reste toute sa vie un enfant incapable de prévoyance, ne considérant jamais que son intérêt immédiat, menteur, voleur et méfiant (*Kala* qui signifie étranger en birman est un mot qui suit le voyageur tout le temps de son séjour en Birmanie). Ce peu d'intelligence ou tout au moins de prévoyance des hommes donne parfois aux femmes le rôle prépondérant dans le ménage et, pour gouailleur qu'il est, le sourire des hommes n'en est pas moins niais. Ce peuple est, je crois, bon à rien entre tous. Pendant la guerre avec l'Angleterre sa paresse alla jusqu'à la férocité. Des Birmans chargés de conduire à bord un convoi de blessés anglais les assassinèrent en route. Avant le combat les chefs se faisaient creuser des trous dans lesquels ils se tenaient à l'abri pendant l'action. Ces mêmes Birmans se moquaient de leurs compatriotes assez naïfs pour se faire blesser ou tuer. Pendant ses derniers temps les armées birmanes occupées à combattre les Kackchins et les Chinois dont l'unique préparation à la guerre consistait à traverser un champ sacré et y faire quelques singeries avant de partir, fondirent en peu de temps, dans les bois ou même dans la plaine. Des généraux partirent; ils partent encore de temps en temps avec quelques milliers d'invincibles (c'est ainsi que s'appellent les soldats de Sa Majesté), dont on n'a plus jamais de nouvelles. Aujourd'hui Bahmo est aux mains des Kackchins.

J'ai appris depuis par Garanger, de passage à Paris, que les invincibles du roi Thibaw avaient repris Bahmo, non en franchissant la palissade qui borde ce village, mais à coups de roupies, en retour de quoi on leur abandonna une tête de Chinois avec sa queue qu'ils rapportèrent triomphalement à Mandalay dans du sel, celle du chef chinois, dit-on au roi.

Le vieux roi de Birmanie, quand un étranger, ce qui

était rare du reste, arrivait à Mandalay, capitale du Burmah depuis 1875, ne manquait pas de lui envoyer une ou deux jeunes Birmanes lui tenir compagnie. Les missionnaires sont encore aujourd'hui exposés à s'en voir offrir autant à leur arrivée dans certains villages décidés à leur faire bon accueil.

Dans les réceptions, le roi, suivant la coutume générale en Orient et en Occident, doit toujours être placé plus haut que son entourage. Tout individu reçu par lui, bien que placé plus bas que lui, doit encore cacher ses pieds et s'aplatir. Notre graveur fit une fois pour le roi une vignette à laquelle il employa l'unique bois qu'il avait apporté, il vit refusée comme inconvenante sa vignette qui représentait un Amour les pieds en avant. Les appartements du roi sont les seuls de plain-pied ; dans les maisons birmanes ordinaires, une petite traverse qu'il faut enjamber se trouve toujours placée sur le seuil de chaque porte.

La Birmanie eut une fois, à la fin du siècle dernier, un grand homme : le roi Allompra, un grand guerrier, qui devait être un homme supérieur à sa race, car il réunit sous son sceptre les différents petits États birmans dont quelques-uns étaient quasi indépendants, vainquit les Siamois et prit même Bankok, je crois. Allompra et Napoléon sont, paraît-il, les deux seuls grands hommes dont fassent cas les Birmans.

M. Bonvillain nous propose de nous faire demander une audience du roi. « Venez donc, » nous dit le relieur, et nous allons demander au premier ministre Kioulo Mingui, chef de l'ambassade qui vint à Paris sous Napoléon III, la permission d'entrer au palais. M. Bonvillain passe une veste blanche par-dessus sa chemise qu'il porte sans gilet, sans col ni cravate, et chausse de belles pantoufles en tapisserie ; nous montons dans son char à bœufs qui, confectionné d'après la dernière mode, est grillagé tout autour et ressemble à un garde-manger ambulant; et nous voilà partis pour chez le ministre et le palais. Le relieur qui, lui, n'a qu'un bouton à sa chemise, se joint à nous, je ne sais trop pourquoi, et appelle M. Bonvillain son oncle. « Eh bien! et le roi? » lui disons-nous. C'en est un autre, nous répond-il, mais il préfère M. Bonvillain. Nous voilà avec un monsieur bien apparenté. Arrivons chez le premier ministre, dans une maison tout en bois, qui, de même que les logements de tous les ministres, est située dans l'enceinte de la ville. Nous nous asseyons par terre, de manière à ne pas faire voir nos pieds, sur un large palier où sont déjà quelques Birmans assis comme nous. Nous installons devant nous quelques présents, des petits flacons de parfumerie que nous avons achetés chez le débitant allemand à cette intention, et nous attendons. Kioulo Mingui arrive enfin, nous adresse un sourire bienveillant, et nous autorise à entrer dans le palais. Nous avons bien soin d'oublier nos flacons, et nous nous y rendons derrière Son Excellence. Le roi, paraît-il, est couvert de boutons et ne reçoit pas. Comme j'ai bien assez de cette première séance chez le ministre, je ne regrette nullement ce contretemps.

Palais. — Entrés par la porte Est (grande entrée). En face de nous salle d'audience surmontée de la grande flèche dorée. Ici tout est doré aussi bien à l'intérieur qu'à l'extérieur, les grosses colonnes de teck, les murs, le trône et le reste.

A gauche salle du conseil des ministres ; même style, mais rouge et or seulement. Derrière, pavillons tout dorés où vit Sa Majesté aux pieds dorés. Toute cette architecture de bois doré ne diffère du reste en rien des monastères, si ce n'est que la flèche porte, je crois, un ou deux petits étages en plus. Devant, à la première porte, deux gros canons dorés ; et, chose absolument nouvelle, des soldats, le sabre sur l'épaule, ont l'air de monter la garde tandis que d'autres à côté se tiennent debout, ce qui est bien rare de la part d'un Birman.

A droite de l'entrée, intérieurement, se trouve une petite pagode toute dorée, contenant, dit-on, une dent de Gaudamah, échappée à la Nirvana, et, à côté, le tombeau doré de l'ancien roi. A gauche, chacun sous un hangar séparé, les 4 ou 5 éléphants blancs qui ne se distinguent guère de leurs congénères ordinaires que par une teinte générale un peu plus claire et un petit œil véron. L'inaction à laquelle ils sont condamnés les a rendus assez méchants ; le plus âgé est même, paraît-il, devenu dangereux.

Un petit éléphant naquit il y a quelques années au parc à éléphants du roi et, soit que sa mère n'eût plus de lait, soit qu'elle mourût, soit simplement caprice du roi, on chercha à l'élever avec du lait de femme. Mgr Bourdon se rappelle parfaitement avoir vu 15 ou 20 femmes birmanes présenter simultanément le sein au petit éléphant qui choisissait et tétait, paraît-il, fort délicatement, ce qui ne l'empêcha pas de mourir du régime auquel on l'avait soumis.

A côté des éléphants, on voit les nombreux palanquins et les voitures de Leurs Majestés, autant de petites pagodes portatives ou à roues dans lesquelles le roi, la reine et les princes prennent la place du boudha. Là encore la dorure doit être bien solide pour résister à l'état d'abandon et de délabrement auquel sont livrés ces objets de locomotion, dont le roi ne se sert guère du reste.

Quelques soldats sont en uniforme aujourd'hui, cela ne se voit, paraît-il, qu'au palais et encore rarement. C'est à cause de la cérémonie (lavage de la tête de la reine). Nous avons vu aussi des officiers arriver à pied, à cheval, en voiture; les uns et les autres mettent pied à terre à la porte du palais, et sont depuis leur demeure suivis de plusieurs hommes à pied, l'un porte le sabre doré, l'autre l'ombrelle à laquelle il a droit, un autre sa boîte à bétel, etc.

Beaucoup de canons, peut-être 1.000 dont 200 avec affûts; ces derniers sont emmagasinés sous des hangars sans plus de soin que les voitures dorées; quelques petits projectiles ronds placés en tas sans distinction de calibres; puis quelques vieilles, très vieilles pièces empilées dans tous les coins du palais, quelque-unes portent la vieille devise : « Je maintiendrai. » Enfin 7 ou 8 en forme de dragons d'un travail remarquable, très bien sculptés à jour, extrêmement beaux, sans doute chinois. De vieilles chaudières à vapeur, dépouillées de vis et d'écrous, traînent au milieu du terrain.

Belle imprimerie, dirigée par Bonvillain, machine Marinoni. En rentrant du palais, nous rencontrons un jeune homme à cheval entouré d'égards et abrité de 4 ombrelles d'or. C'est un jeune homme qui entre dans les ordres, et si on l'abreuve d'honneurs aujourd'hui, demain on lui rasera toute la tête, cheveux et barbe, on le vêtira de l'affreuse robe jaune commune à tous les pongees du monde tant ici qu'à Ceylan et en Chine, et comme eux il mendiera sa nourriture. Chaque pongee a son quartier pour cela ; on les voit tous le matin longeant les maisons et portant un vase birman laqué, gros comme une soupière; ils entr'ouvrent le couvercle en passant devant chaque porte, et par cette ouverture béante chaque habitant jette une poignée de riz. On voit aussi des femmes pongees à tête rasée et vêtues de blanc; mais elles ne jouissent pas de la même considération que les pongees hommes.

La mère du photographe, une bonne vieille femme de 70 ans, va de temps à autre, comme tous les autres Européens résidant à Mandalay, s'accroupir sur le passage de la reine, ce qui est bien fatigant pour elle ; mais, dit-elle, cela fait plaisir à la reine. Celle-ci lui fit cadeau ces jours derniers d'un petit sac plein de petites pièces de 2 annas (un peu moins de 10 sous) toutes neuves. La joie de la pauvre femme n'a pas été de longue durée, aucun Birman ne veut accepter ses pièces qui sont fausses.

Avons été visiter aujourd'hui quelques Italiens en train de fonder une fabrique de fusils que le gouvernement leur paiera 60 roupies pièce; les pauvres gens, malgré tout leur courage, ne pourront pas s'en tirer, même en faisant arriver par fraude d'Italie les canons de leurs fusils, dont l'Angleterre ne permettra pas le passage à Rangoon.

Sur l'avis du jeune débitant allemand, nous nous décidons, Garanger et moi, à aller demain à la fête du diable de Tombioun qu'il nous dit être une chose à voir. Mgr Bourdon veut bien nous donner un guide, et comme ce jour-là on ne trouve plus un poney en ville, que tous les bateaux qui mènent à la fête par le canal sont déjà à Tombioun ou convertis en omnibus, nous partons à pied.

Fête de Tombioun. — Les Birmans avant d'être bouddhistes sont superstitieux, et la fête du diable n'a rien à voir avec Gaudamah ni avec les pongees. Elle n'en est pas moins suivie. Cette fête se trouve placée au milieu du carême birman, à la pleine lune de juillet, elle dure 5 jours et finit demain. La route de Tombioun, qui longe la rivière, est encombrée de Birmans se rendant comme nous à la fête, les uns à pied, d'autres plus flambards à poney, suivant la mode birmane, c'est-à-dire assis sur un petit coussin rouge très court qui sert de selle, les cheveux dénoués et flottants, le pouce de chaque pied dans un petit anneau qui tient lieu d'étrier, les genoux très loin du petit coussin et le cavalier tenant uniquement à cheval par l'assiette et le talon. Ils traversent la foule comme de brillants météores, aussi vite que leur poney peut trotter, et font jaillir sur leur passage nombre de petits cris d'effroi ou d'éclats de rire.

Un Birman qui se respecte ne consentirait jamais à monter autre chose qu'un étalon, jamais une jument.

La majeure partie, toutefois, est à pied ; jamais pareille foule n'a été rêvée, et il est impossible de voir nulle part ailleurs aussi coquette réunion. Dans toute cette foule parfumée de fleurs à odeur capiteuse, on ne trouverait pas une tache. A part les petites chemisettes extrêmement blanches que portent flottantes hommes et femmes, on ne voit que de la soie, des jambes et des bras nus de jeunes filles, des bouches rieuses, des yeux brillants, des fleurs dans des cheveux noirs lissés comme ceux des poupées. La toilette des hommes est aussi immaculée que celle des femmes. Un vent de gaîté souffle sur ce joli petit monde, anime toutes les figures sans exception, et fait frissonner passeaux légers, chemisettes et petits foulards ; quelques passeaux brillent comme de l'or au soleil. Il est déjà impossible de voir air de fête plus complet. Des bateaux surchargés glissent à travers les lotus, emportant leur joli chargement, plus brillant et plus frais qu'un bateau chargé de fleurs. Les passagères et les quelques Birmans qui les composent, bien que serrés comme des bottes de fleurs à l'étalage, ne cessent, chemin faisant, de rire et de chanter. Quelle différence avec nos foules d'Europe pour l'œil et pour l'odorat.

Tout le monde sur la route, ou d'un bateau à l'autre, a l'air de se connaître, ou s'il ne se connaît pas, c'est tout comme. Jamais une de ces jeunes filles qui vont traînant leurs petites sandales le long du chemin, ne rajuste son passeau sans rire avec les passants de ce qui a failli lui arriver. Songez donc ! si cette étroite et unique enveloppe allait glisser le long de leur petit corps ! Quelques-unes d'elles, avec leur éternel petit air goguenard et traînant, ressemblent à des enfants qu'on aurait imparfaitement enveloppés et qui se seraient échappés avec leur brillante petite couverture. Durant toute cette fête où je suis allé partout, je n'ai toutefois pas entrevu la plus petite inconvenance.

A l'extrême avant de certains bateaux, un Birman debout, fortement égayé par le ta-yé (liqueur du palmier) gesticule, grimace, chante et sue, à la grande joie de son bateau et des passants.

Le diable, à qui est offerte cette petite fête, doit être de bonne humeur aujourd'hui, et commencer à sourire, ou il est bien difficile. Le chemin qui suit le canal longe en même temps des champs de riz, et jusqu'à notre arrivée à la fête, nous ne voyons le long du chemin, en fait de constructions, qu'une ancienne fabrique à presser le coton, une fonderie et un monastère doré. Notre guide, très débrouillard, nous trouve un coin dans une maison birmane où nous débouchons nos bouteilles et nos boîtes de conserves apportées par nos coolies. Voisins et étrangers viennent encombrer familièrement notre petit réduit et nous regarder manger, ils paraissent enchantés de notre brandy ; un officier de la maison du roi mange un demi-pot de confiture, sans pain, pendant que les enfants nous font des niches. Préparons nos lits sur les nattes où nous avons dîné et allons à la fête située autour du village à l'ombre de superbes palmiers et de beaux tamarins.

Boutiques improvisées de fruits, de pantins à ficelles représentant des chevaux, des diables, des danseuses, etc., puis exposition de dames légères qui sont venues ici planter leurs petites tentes et font salon en plein air non sans succès. De la place de la montre, sans quitter leur miroir, celles-ci fument et causent avec leurs visiteurs, accroupis en foule devant l'entrée de leur petite hutte improvisée. Ici comme ailleurs tout est à vendre, bien entendu. Plus loin danses, théâtre au milieu de la foule (même genre de comédie qu'à Bahmo, il y a toujours au milieu de la scène un mât autour duquel les acteurs se répètent à peu près les mêmes niches). Musique, pétards.

Quelques autels au diable, couverts d'étoffes brillantes et éclairés d'une multitude de petites lumières odorantes, sont improvisés sous les portiques des voyageurs. Certains villages birmans comprennent plusieurs de ces abris dont la fondation rapporte beaucoup de mérites à leur créateur.

Le diable est représenté sous la forme d'une petite poupée de 30 à 50 centimètres, ayant pour figure un masque doré, afin, je pense, de lui donner bonne mine. Des femmes sont occupées toute la nuit à habiller et à rhabiller leur petit diable avec les fleurs et les innombrables petits foulards qui lui sont offerts, lui confectionnant d'énormes turbans, de jolis passeaux, etc., pendant que le reste de sa garde-robe est tenu en ordre derrière l'autel ou sur la table des offrandes. On ne saurait vraiment moins faire ici pour le diable qui, lui, du moins, existe toujours, et ne paraît pas avoir perdu ses droits au Burmah alors que Gaudamah s'est évanoui dans le Nirwana.

Deux vieilles sorcières, danseuses fort habiles, conduisent le ballet devant l'autel dans une demi-obscurité au milieu de quantité de Birmans accroupis. A chaque instant des danseuses se retirent et sont immédiatement remplacés par d'autres petites Birmanes venues comme elles en curieuses.

Après quelques agaceries coquettes et mignardes faites au diable par le corps des jeunes filles, les deux vieilles coiffées de turbans volumineux relevés aux quatre coins ou d'autres coiffures burlesques, car elles en changent de temps en temps, entrent en scène et pendant que les autres ne font plus guère que l'accompagnement avec les bras, elles commencent à se livrer à des dislocations étonnantes pendant que leurs bras qui jouent un rôle beaucoup plus important que les jambes, procédant tantôt lentement tantôt avec une rapidité étonnante, semblent avec l'index tendu faire des cornes de tous les côtés à la fois : elles s'arrêtent par instant comme épuisées, au point qu'il semble qu'il n'y ait plus qu'à les emporter, puis repartent subitement de plus belle. Les jeunes filles qui ne dansent qu'en troupe, s'animent à leur tour en s'accompagnant de bruits de baisers, paraissent s'amuser beaucoup et rient pour de bon. Une d'elles en dansant, lance en l'air un petit papier qu'un Birman ramasse avec les dents; celui-ci vient ensuite à son tour faire le singe au milieu du groupe. Des Chinois brûlent de petites images au pied de la plate-forme. Quelques Birmans sont complètement soûls de ta-yé. La corbeille des musiciens est placée dans un coin, et, pendant que les cymbales marchent avec la régularité d'un métronome, le flûtier tire de son instrument les sons les plus cocasses.

Grande est notre surprise à notre réveil le lendemain, de voir autour de nous cette même foule de la veille, toujours aussi gaie, aussi brillante et aussi fraîche, continuer à se promener sous les palmiers, à regarder théâtres, lutteurs, etc.

Nous rentrons enfin à Mandalay, confondus de ce que nous venons de voir, une foule si sincèrement enjouée, si propre, et surtout si parfumée, qu'au retour on croit avoir rêvé.

J'ai retrouvé à la mission de Mandalay le Père Vial, le conducteur, on peut même dire le sauveur de M. Coquhoun, lequel, dans ses nombreuses conférences tant à Londres qu'à Rangoon, se garda toujours de parler du Père Vial auquel il ne remboursa qu'incomplètement ses frais.

Cet homme fit grand tapage à Londres avec le récit de son voyage. Je trouvai le Père Vial habillé en Chinois, ce qui me frapperait moins si j'avais d'abord passé par la Chine où tous les missionnaires catholiques, et même les protestants depuis peu de temps, portent la queue et l'habit chinois; je devais du reste revoir à Rangoon ce malpropre Coquhoun. Celui-ci n'est pas le premier voyageur en Chine qui use ainsi d'ingratitude vis-à-vis des missions catholiques.

Dans le Yu-nam, me dit le Père Vial qui l'habite, on trouve des mines d'étain, de cuivre (très riches), d'or, de mercure. Près de chez lui on donne aux pauvres un trou qu'ils creusent jusqu'à l'eau et en tirent quelque profit. Des Français, m'assure-t-il, ont fondé une fonderie de canons dans la capitale et ont laissé un très bon souvenir.

En Birmanie, on trouve un fer qui vaut presque l'acier, de l'or, de l'argent, des saphirs et des rubis. Je n'achète toutefois aucune de ces pierres à Mandalay, par méfiance de moi-même et surtout des Birmans. Dix faux monnayeurs sont morts sous le rotin pendant notre voyage à Bahmo.

30 juillet. — Été ce matin dimanche à la messe de Mgr Bourdon, où se trouvent quelques membres de la colonie européenne, les de Facieu, le signor Andrino, quelques autres membres de la colonie européenne, les sœurs et des Birmans. Déjeuné à la mission. Une grande pluie survient, à la suite de laquelle nous allons voir sortir de terre dans la cour d'énormes fourmis ailées.

Renonçons, Garanger et moi, à aller à Amarapoora à poney voir les pièges à éléphants. M. de Rochechouart, qui assista à Mandalay à une prise d'éléphants, spectacle fort rare, en fait une narration très intéressante dans son récit de voyage. Ce fonctionnaire arriva, paraît-il, ici, goutteux et pressé d'en finir ; mais assista à la prise d'un éléphant.

Il eut toutefois le tort de se mettre tout de suite, venant de Perse, à rechercher la société des rares mahométans qui se trouvaient ici, et trouva moyen de mécontenter tous les résidents français de Mandalay, même le clergé dont il se servit exclusivement comme conseil et comme traducteur. Les deux textes birmans et français étaient en désaccord, la faute en serait au Père Lecomte que je vis à Mandalay, mais qui ne parle pas volontiers de ces négociations ; son traité, du reste, ne fut pas ratifié.

M. de Rochechouart, goutteux, fut très mortifié d'ôter ses chaussures et de s'accroupir devant le roi. En réponse à cette règle blessante de l'étiquette birmane, il mit et fit mettre à sa suite le chapeau sur la tête à son entourage. Son intention n'échappa pas au vieux roi qui se contenta de lui demander si ses ambassadeurs en Europe ne se conformaient pas aux étiquettes des pays où ils étaient accrédités : « Ils s'y conforment, » dit notre ambassadeur. « Je suis heureux, répondit le roi, que vous me donniez ce renseignement. » Lors de l'entrevue suivante, M. de Rochechouart aurait enlevé son pantalon, et les Birmans rirent du peu de suite qu'on trouvait dans les idées de notre ambassadeur ; voilà du moins ce qu'on raconte à Mandalay sans distinction de parti.

A la cour de Siam, me dit-on en outre, les Européens ne s'accroupissent plus et gardent leurs chaussures depuis qu'un représentant du grand roi Louis XIV fit jeter par les fenêtres, à Siam même, les Siamois qui s'étaient permis de l'inviter à se mettre à genoux devant leur souverain.

Nous retrouvons nos hôtes en proie à de grands tourments domestiques ; un d'eux a été dévalisé la nuit dernière par sa femme, une Birmane, de connivence avec ses serviteurs. Il espère obtenir du juge birman pour tout ce monde une forte bastonnade, sinon une restitution.

Après avoir pris congé de nos aimables hôtes, Garanger et moi rentrons à bord en passant par le port du roi. Dans une anse située un peu au-dessous de notre bateau, se voient ceux du roi sur l'Iraouaddi : d'abord un splendide double bateau birman sur la double coque duquel est placé un tablier qui supporte un roof surmonté d'une flèche presque aussi haute que celle du palais, le tout entièrement doré, sauf quatre très riches dragons placés à l'avant et revêtus d'une armure de miroiterie qui reflète en partie l'or du bateau. Cette pagode flottante est peut-être ce qu'on peut voir de plus riche à Mandalay et doit vraiment être magnifique à voir glisser au milieu du fleuve par un beau temps calme. Les Birmans vont jusqu'à dorer certains dauphins qui hantent les abords d'une île où se trouve une pagode dorée comme eux. Il en est de ce bateau comme des palanquins du palais ; les objets de locomotion ne servent guère au roi, qui, depuis son avènement, sortit deux fois en quatre ans pour faire, en bateau, le tour de la ville renfermée dans les fossés.

Si Sa Majesté s'était promenée autrement, elle aurait pu s'étonner de l'état des routes à Mandalay, routes pour lesquelles elle donne cependant beaucoup d'argent, dit-on.

On voit aussi les bateaux de course du roi à côté du premier. Ces bateaux, longs de 15 mètres et larges assez pour tenir deux rameurs, toujours très maigres, serrés l'un contre l'autre, ont leurs pareils tout du long de l'Iraouaddi, à cela près, que ceux-ci sont entièrement dorés. Ils sont construits d'un seul tronc d'arbre, et ressemblent à une immense et fine lame de sabre.

Ainsi que les courses de bateaux, les courses de chevaux sont fort en honneur chez les Birmans qui font un usage constant de la selle de leurs poneys, avec lesquels ils brûlent tous les chars de la capitale et les piétons, mais ne vont jamais très vite.

31. — Le steamer part ce matin, enmenant le signor Andrino, qui a une petite fille à Rangoon, Garanger et moi. La premier me recommande de bien cacher, en passant la frontière, mon fusil et un sabre kakchin que me procura le Père Kadou. Tout consul qu'il est, il n'a pu obtenir du ministre de passer ses fusils à la frontière pour les faire réparer à Rangoon, et il va être obligé de s'adresser à ses compatriotes italiens, en rentrant, pour ce travail.

Depuis notre retour de Bahmo nous marchons contre la mousson, c'est-à-dire à contre-vent et avec le courant, ce qui rend notre retour infiniment plus agréable que l'aller, bien qu'aux différentes stations le bateau exécute toujours un demi-tour.

Nombreux métiers de soie à Sagong.

Croisons le soir un bateau frété par le roi, qui lui apporte des dorians de Moulmein pour la bagatelle de 15.000 roupies. Un gouverneur qui, pour un prétexte que j'ignore, se permit d'arrêter les dorians du roi, du temps du dernier souverain, fut mis à mort.

2 août. — Chargeons quantité de peaux de bœufs.

Les mines de pétrole, les plus riches du monde, sont, paraît-il, affermées à un natif mahométan qui paye au roi très facilement 5.000 roupies par mois.

Je quitte enfin ce pays de Birmanie, très amusant à voir en passant, mais où le dégoût du peuple birman loustic et lâche, aussi incapable de commander que d'obéir, ne respectant rien, doit amener promptement tout résident à un écœurement pénible à supporter sous ce climat tropical. L'histoire peu intéressante de ce peuple n'a du reste laissé aucune trace que les pagodes carrées de Pagan. S'il eut une sorte de réveil sous le roi Allompra, il retomba vite, ainsi que ses princes, dans sa torpeur naturelle. S'il n'attaque aucun voisin, il est, avec des airs fendants, incapable de se défendre ; aussi ne s'explique-t-on l'inaction de l'Angleterre, qui ne s'en est pas encore emparée complètement, que par la crainte des ennuis que pourrait lui susciter le voisinage des Kakchins et des autres tribus sauvages.

L'Angleterre n'est pas cependant sans avoir supporté plusieurs vexations des Birmans qui, aux derniers bruits de guerre avec elle, osèrent arrêter les bateaux de la Compagnie de l'Iraouaddi et s'emparer de leurs gouvernails. Les ambassadeurs de Simla vont revenir sans avoir rien fait. La reine toute-puissante à Mandalay veut maintenant traiter directement avec la reine d'Angleterre. « S'il en est ainsi, répondit le vice-roi aux ambassadeurs, vous enverrez ce traité à signer au chief commissionner du British Burmah quand vous serez décidés ; en attendant, rentrez chez vous et bon voyage. »

Tout l'or étalé au soleil sur les pagodes ne fait que témoigner du peu de variété d'imagination des Birmans et de la rapacité de leurs indignes ministres, coolies ou marchands la veille de leur élévation, et dont les vils instincts ne font que se dilater outre mesure au contact de la faveur royale.

Je déniche une bonne cachette dans le bateau et réussis à dissimuler à la frontière birmane mes fusils et mon sabre kakchin, car la cabine du capitaine est souvent fouillée comme les autres, et nous voilà enfin de retour, Garanger et moi, à Tayet-Myo, où nous retrouvons notre ami le Père Guérin, qui veut bien nous héberger tous les deux.

Partons à la chasse dès le lendemain matin avec lui sur son bateau, dont il a fait cadeau à une dizaine de ses chrétiens qui nous servent de rabatteurs une fois arrivés.

Nous tuons ainsi lièvres et perdrix ; les perdrix mâles de ce pays ont un curieux plumage, pointillé de blanc comme celui d'une pintade ; nos rabatteurs nous lèvent en outre, dans un champ de sésame, un animal de la grosseur d'une panthère, qui bondit en fouaillant de sa longue queue, et que Garanger a la maladresse de manquer à bout portant. Le Père Guérin appelle cela un chat. Lui, dans des conditions analogues, tira un jour à bout portant et avec du plomb un tigre dans un fourré ; l'animal s'évanouit avec la fumée de son coup de fusil ; il retourna à Tayet-Myo, d'où il revint immédiatement avec un officier anglais. Ils étaient armés chacun cette fois d'un bon rifle et se livrèrent à la délicate opération qui consiste à rechercher à pied au fourré un tigre blessé ; ils retrouvèrent le leur mort. On ne saurait faire plus beau coup sur un tigre.

A notre retour trouvons le colonel Bucle, de l'artillerie, ami du P. Guérin, et chasseur connu de tigres et d'éléphants.

Le lendemain en revenant d'une deuxième chasse, nous trouvons chez notre hôte le P. Charbonnier arrivant de Tavoï. Causeries de chasse le soir après dîner. Une chasse usitée à Malacca par les natifs consiste à aller de nuit au tigre, portant sur son dos une hotte de terre pétrolée et allumée avec accompagnement de deux bambous portant des clochettes. Les natifs vont aussi parfois de nuit se mêler aux sangliers à cheval sur un buffle, et de là ils les tirent très facilement. Les Malacca, nous dit le P. Chevalier, emploient avec beaucoup d'adresse des sarbacanes et de petites aiguilles de bambou durcies au feu et empoisonnées, pour détruire les tigres, surtout pour chasser les singes dont ils sont très friands ; mais dans ce dernier cas ils n'empoisonnent pas leurs projectiles.

Les Andamans se servent de l'arc avec grande adresse et succès contre le tigre. Le pays de Tavoï est, nous dit-il, inondé actuellement, mais en saison sèche il est aisé de se rendre par terre de Tavoï à Bankok, traversant ainsi d'une mer à l'autre la presqu'île de Malacca, un peu au-dessus de l'isthme de Kra qu'un ingénieur français a l'intention de percer pour raccourcir la route de Chine et éviter Singapoor. Un immense complot, qui n'avait pour but que de mettre le feu aux quatre coins de Rangoon, fut découvert il y a cinq ans : 3.000 Birmans furent expédiés aux îles Andaman, à la suite de cette découverte.

Un petit éléphant est né dernièrement ici au gouvernement, sa mère dut être prise étant pleine, car l'éléphant ne reproduit pas en captivité; celui-ci est gentil au possible et très joueur. Du reste, sa mère aurait bientôt fait de supprimer quiconque lui ferait du mal.

Le gouvernement anglais s'approprie ici un cinquième de la récolte et même davantage en réalité, car c'est lui-même qui fait l'estimation.

Vu à Prome, en passant, M. d'Avéra, un Français à peu près ruiné aujourd'hui, qui jouissait d'une situation très importante à la cour de l'ancien roi. Il est compromis vis-à-vis du ministre et du roi par son attachement aux princes échappés dont il favorisa l'évasion et qu'il a en vain cherché à ramener pour reprendre par la force le trône auquel ils avaient tout autant de droits que le roi actuel. Ils revinrent une fois jusqu'à la frontière, mais les efforts de M. d'Avéra s'usèrent inutilement devant leur peu d'énergie.

8. — Retour à Rangoon à travers la forêt, aussi belle au moins que celles du haut Burmah. Dans les champs on repique le riz ; recrudescence de végétation dans la forêt ; ce n'est qu'avec peine que l'administration du chemin de fer empêche les herbes à éléphant d'envahir la voie. A Rangoon, dans le très confortable bengalow de mes hôtes, je retrouve mes effets verts de moisissure ; le lendemain matin à mon réveil ce sont les chaussures que j'ai quittées la veille au soir qui sont moisies à leur tour. Je m'explique maintenant facilement l'exhaussement du moindre plancher au-dessus du sol dans ce pays.

Jusqu'à mon départ de Rangoon je passe mes matinées comme beaucoup de résidents à aller me promener à cheval au champ de courses où a toujours lieu quelque match, couru parfois par des boys birmans passionnés pour tout ce qui est course. Je trouve enfin chez lui Mgr Bigaudet, dont la figure extrêmement maline ressemble à celle de Voltaire, et à laquelle viennent s'ajouter une paire de favoris en éventail tout à fait bizarres. Il invite à dîner pour dimanche deux révérends protestants qui viennent le consulter sur la manière d'exprimer en birman certains préceptes fondamentaux du dogme chrétien sur le Saint-Esprit, ceux-ci acceptent un rendez-vous, mais s'excusent de ne pouvoir accepter à dîner un pareil jour. Je quitte Monseigneur avec le regret de ne pouvoir dîner avec lui moi-même, et vais retenir mes places sur le steamer l'*Himalaya* de la Compagnie *British India*, qui doit me reconduire à Madras d'où je partirai pour visiter les grandes pagodes brahmanistes du sud de l'Inde.

« Ah! Monsieur, me dit un jeune Français, commis voyageur en montres pour une maison anglaise de Bombay, et Gascon, quel rouleur que ce bateau! Je suis arrivé à son bord avec un chargement de coolies étendus sur le pont, ces pauvres gens n'avaient que les vagues pour les couvrir. »

CHAPITRE IV

SUD DES INDES ET CEYLAN.

16 août. — Levons l'ancre au lever du soleil. Les toits de tuiles rouges des établissements anglais de Rangoon, qui défilent devant nous, sont devenus verts par l'humidité de ces jours derniers.

Passé quatre jours dans le golfe en compagnie du capitaine, d'un jeune officier anglais qui se rend à son nouveau poste à Madras, et de sa jeune femme, et naturellement des joyeux cancrelats de la Compagnie.

Le bateau ramène à Madras de nombreux coolies qui encombrent le pont, quelques-uns ayant fait fortune sont déjà couverts de bijoux.

20. — Stoppé à Calingapatam, où nous nous débarrassons d'une cargaison de poutres de teck que nous jetons une à une à la mer par-dessus bord et que des natifs se disputent dans l'eau, au risque d'en recevoir quelqu'une sur le dos ; ils les chargent dans de grands bateaux spéciaux à toute cette côte de Coromandel ; ils sont faits de minces planches cousues ensemble avec des cordes de cocos, et ces coutures bourrelées de je ne sais quelle paille. Les barres à passer nécessitent, paraît-il, cette disposition. Ces bateaux fort profonds et courts affectent généralement la forme très disgracieuse d'un haut chapeau de général de l'Empire, quelques-uns sont presque difformes, ils ont tous l'air de grands sacs noirs flottants, et au premier abord n'inspirent guère confiance, bien qu'on y entre quelquefois jusque par-dessus la tête.

D'autres natifs s'aventurent jusqu'à nous sur deux ou trois poutres ficelées ensemble; ceux-ci n'ont pas à craindre de voir chavirer leur embarcation; mais par quel prodige d'équilibre se tiennent-ils debout là-dessus? Ils semblent marcher sur l'eau.

Quelques riverains, et on en trouve jusque sur les côtes de Ceylan, vont jusqu'à mettre une voile à ça; il est vrai que ceux-là ont en plus la ressource de se tenir après leur petit mât.

Nos poutres de teck sont destinées à la construction d'un palais que le gouvernement anglais est en train de construire dans les environs d'ici pour le compte de deux rajahs mineurs dont il a la tutelle. C'est une fortune pour l'architecte chargé de ce travail.

21. — Stoppons à Bimlipatam, et deux heures après à Vizagapatam, au pied des falaises, où des marchands viennent nous vendre à bord des bibelots de bois de sandal et d'ivoire.

22. — Coconada, où la côte reprend son aspect plat, forêt de palmiers à perte de vue.

23. — Mazulipatam. Stoppons à 6 milles de la côte, toujours plate, que l'on voit à peine.

24. — Arrivée à Madras. Entrons dans son petit port, le seul de la côte, construit à grands frais, et par un brise-lames : il coûta à l'origine 108.000 livres en 1869 ; mais ses avaries successives augmentèrent et augmentent encore journellement son prix ; il fut très gravement endommagé l'année dernière et n'est pas encore réparé. Les steamers s'y tiennent seuls, car seuls ils pourraient en cas de cyclone quitter le port avant d'être jetés à la côte ou contre le brise-lames.

De la mer on ne voit guère de Madras qu'un gros et massif monument qui n'a même pas l'air terminé, il a quatre tours aux angles ; on dirait un éléphant couché sur le dos, suivant la très expressive et exacte définition du jeune officier anglais avec lequel je viens de voyager.

Un régiment est en train de s'embarquer pour l'Égypte à bord du *Gourka*, nouveau et magnifique bateau de la « British India », dont le salon, une vaste lanterne, est placé sur le pont, en avant de la machine, avec belles fenêtres tout autour.

Un grand bateau cousu est en bas de notre steamer. Dans le sac descendent et disparaissent à moitié les passagers, de jolies et blanches petites Anglaises, et tous les bagages de chacun, que six ou huit diables aussi noirs que leurs bateaux et tout nus, ou à peu près, ont bientôt, mais non sans peine, conduits à terre, dans leur bateau d'abord et ensuite sur leur dos.

Madras est une ville décousue au possible et sans intérêt, je n'y ai guère vu de notable qu'une promenade au bord de la mer partant de l'affreux monument dont j'ai déjà parlé. On est tout étonné, en se trouvant auprès de ce monument, de voir qu'il est terminé, et non moins de voir confondu dans un assez peu heureux mélange le style musulman et le gothique. Il est voué à l'instruction ; se compose, comme tous ceux qui ont cette même destination, d'une immense nef richement décorée, minutieusement entretenue, et de quelques salles réservées au corps enseignant. Si on y enseigne l'architecture, les jeunes élèves natifs feront encore mieux, pour se former le goût, de s'inspirer d'un ancien palais indou placé en face, que de celui que leur a affecté le gouvernement anglais.

Comme monument, Madras possède encore la statue de sir T. Munro. Un homme quasi nu, sur un cheval uniquement couvert, en guise de selle, d'un petit tapis, et tenant à la main une épée nue. Un très haut socle nu supporte la statue, si haut placée que le cheval semble se promener au-dessus des arbres de la place. C'est là sans doute ce qui fait dire à l'auteur du guide Murray que cette statue a grand air, car l'excessive simplicité de cette composition jointe à une médicore exécution, seraient insuffisantes à justifier un pareil jugement.

Dans la ville native, presque aussi délaissée que la ville anglaise, on voit dans beaucoup de maisons et même extérieurement des images de la mythologie indoue collées au mur; j'en achète quelques-unes, et sans aller voir à 190 milles de Madras, à travers ces interminables plaines de l'Indoustan, Hyderabad, la capitale du Nizam où fermentent les passions et les rancunes mahométanes, où les Européens ne pénètrent qu'accompagnés et munis d'une permission personnelle; sans avoir vu la belle revue que le Nizam y passe chaque année de ses troupes, dont l'aspect fait revivre tout ce que le moyen âge a jamais produit de plus sauvage et de plus guerrier; sans même aller aux pagodes de Seven, construites chacune d'un seul bloc de pierre, je quitte Madras. Ma voiture est comme toujours accompagnée d'un bruit de castagnettes; ce sont de petits mendiants qui courent derrière elle, et qui produisent ce bruit en se tapant à mains plates sur l'estomac et sur les cuisses tout en courant, manière d'attirer l'attention et de demander l'aumône non moins insupportable qu'une autre.

§ 1. — PONDICHÉRY.

Arrivé le jour même à Pondichéry, où je trouve un hôtel et une cuisine française, ce qui n'est pas à dédaigner en passant; voire même du simple vin d'ordinaire, excellent.

Le petit État de Pondichéry, notre plus grand établissement aux Indes, n'est pas bien étendu, puisqu'on ne compte pas plus de 250.000 âmes sur le territoire de toutes les Indes Françaises. Mais la petite ville de Pondichéry, elle-même, est assez largement installée et très propre; on y voit un piédestal, fait de fragments d'architecture indoue, supportant une belle statue de Dupleix, dont les Anglais eussent dû faire les frais, car tout en les combattant, ce grand homme, lâché par son pays, ne fut utile qu'à ses ennemis les Anglais, à qui il dut abandonner les Indes, avec la manière de s'en servir.

Ce grand Français, en effet, semble avoir été mis sur

la terre pour montrer la marche à suivre à ses ennemis qu'il servit si bien, tout en les combattant héroïquement et pour la honte de son pays. Transporté par la belle figure de Dupleix, un Anglais, le colonel Malleson, écrivit son histoire, beau livre presque introuvable en anglais aujourd'hui, mais traduit en français et encore trop peu connu.

La France, aussi peu constante dans sa politique extérieure que dans sa politique intérieure, eût-elle eu la constance de poursuivre prudemment cette grande œuvre de la conquête de l'Inde? Eût-elle su y établir une administration nécessitant un personnel peu nombreux, mais suffisant, où l'antagonisme civil et militaire fût inconnu? Il est au moins permis d'en douter.

Le palais du gouverneur est situé sur une belle place. On se promène en ville dans les pousspouss, petites voitures particulières à Pondichéry, poussées par un natif et qu'on dirige soi-même avec une poignée, moyen de locomotion infiniment plus rapide et confortable que les fiacres des villes anglaises, surtout que les palanquins.

Je me trouve vite en relation avec M. de Perry, capitaine, et M. de Bougy, lieutenant d'infanterie de marine, qui me conduisent chez le gouverneur actuel des Indes Françaises, M. Portier, que je trouve en train de lire le beau livre du colonel Malleson: *les Français dans l'Inde*, dont il veut bien m'entretenir. M. Portier, ancien inspecteur des services administratifs de la marine, ne fait ici que l'intérim en attendant l'arrivée du titulaire, ancien proviseur à Bourbon et actuellement à Paris. Certaines accusations furent portées en France contre lui à propos de tripotages financiers, commis à son ancien collège de Bourbon, et dans lesquels il aurait été compromis comme censeur. Acquitté, il poursuit actuellement son diffamateur. Je constate toutefois que son retour à Pondichéry est attendu sans impatience par la colonie.

Dîné le soir chez M. Portier, qui me reçoit en très aimable compatriote, avec M. Mitre, son officier d'ordonnance, M. de Marolles, receveur général, et Mme de Marolles, fille d'un ancien gouverneur des Indes françaises.

Deux grands mariages indous sont justement célébrés à Pondichéry aujourd'hui en grande pompe.

Un riche Indou marie ses deux fils. Mme de Marolles, n'en a jamais vu de si brillant depuis dix ans, et comme le cortège passe devant le palais, il nous est facile de jouir du spectacle.

Des chars extrêmement brillants et extrêmement hauts, couverts de dorures et de miroiteries, entourés de plusieurs rangées de bougies et de guirlandes de jasmin, dont l'odeur mêlée à d'autres parfums et renforcée par le jasmin de la foule (comme à Madras et dans tout le sud de l'Inde, les femmes en bourrent ici leur chignons) est extrêmement forte. Ces chars sont portés par des coolies. Sur les premiers se trouvent des bayadères et des musiciens, sur les deux derniers les mariés ; la mariée gardant l'air abruti qui convient à cette circonstance.

Autour des deux trônes placés sur de larges tambours couverts de miroiterie, à parois tournantes et sur lesquels sont huchés les héros de la fête, partent sans relâche quantité de fusées dont il faut se garer, et dansent des personnages déguisés d'une manière grotesque, avec têtes d'animaux, etc.; d'autres se font des parasols de feu avec certaines pièces d'artifice qu'ils tiennent à la main, en leur imprimant un léger mouvement de rotation. Du milieu de la place part un superbe feu d'artifice où se trouvent quelques pièces chinoises qui manquent presque toutes; quelques-unes, après avoir lancé du feu de tous les côtés et failli incendier la foule, la couvrent de fleurs. Malheureusement les coolies qui portent la jeune femme faiblissent et la mariée, tombant de six à sept mètres de haut, se brise quelque côtes. Elle perdit, dit-on, dans sa chute pour 3.000 rupies de pierres précieuses.

Le gouvernement des Indes Françaises me semble un cadeau qui ne devrait s'accepter que sous bénéfice d'inventaire, et il n'y aurait guère lieu à mon avis de féliciter M. Portier du poste incommode qui lui est échu. Ce pays est en ce moment sous le régime du *statut personnel,* ce qui veut dire que tout Indou qui déclare renoncer à ses us et coutumes ne devient pas encore citoyen français comme les juifs de l'Algérie, mais il acquiert le droit de voter au conseil municipal et au conseil général, et celui d'espérer toute sa vie une place au gouvernement : quelle place ? le télégraphe et le personnel de la station sont Anglais !

Dupleix, dont la mémoire est très vive aux Indes, et avait passionné à ce point les Indous qu'un d'eux, dont les descendants sont encore pensionnés aujourd'hui par le gouvernement français (renseignement du gouverneur), chargea un jour les pièces françaises qui n'avaient plus de munitions avec des rupies. Il recevait les plus grands princes assis sur un trône élevé; ceux-ci ne pouvaient s'en approcher de plus de trois marches. N'en déplaise à l'étrange successeur de Dupleix qui a inventé ce joli système de gouvernement dont je viens de parler, je trouve que promettre des places que l'on ne peut donner est s'amoindrir et attirer bénévolement sur soi et sur son gouvernement le mépris des natifs. Les parias seuls, n'ayant rien à perdre, ont pu se laisser prendre à cet appât trompeur. Quelques-uns d'entre eux, devenus agitateurs, ont profité de cette innovation faite pour eux seuls. Du reste, aucun Indou de haute caste ne réside sur le territoire français.

L'Indou insolent est un phénomène qu'on ne voit qu'ici, une création de ce précédent gouverneur dont j'ignore le nom et qui aurait du comprendre que le libéralisme, en matière coloniale, consiste à respecter les usages d'un peuple soumis, et non à armer quelques mécontents contre soi en leur donnant le saint droit de brailler, pour ensuite subir leur loi.

Pour le moment, toutefois, aucun journal n'existe à Pondichéry.

Quels liens rattachent aujourd'hui à la France ce pays fanatique et fidèle à ses institutions propres et à ses princes, alors que l'Angleterre fait mine de respecter les uns et les autres dans toute l'Inde? Comment tient-il à cette France qu'il avait vue malheureuse, qu'il continua quelque temps à vénérer après l'avoir admirée? Les parias ont déjà fondé un journal rédigé dans un demi-français, qui a peu vécu à la vérité; aujourd'hui ils tiennent tête au gouverneur dans les conseils.

Si ce gouverneur passé croit avoir attaché un brûlot

incendiaire au flanc de l'Inde anglaise en inaugurant son système, il est fort à craindre, pour qui a vu les Indous quelque part, que sa petite machine ne fasse long feu; en tout cas il ne me paraît pas avoir emporté l'estime des Français résidents qui souffrent de cet état de choses étrange plus encore que ses administrés natifs; car si son système fait bien à Paris, il n'en est pas de même ici; mais que peut faire cela à nos tristes gouvernants?

Je trouve à Pondichéry quelques pièces d'or, des françaises, ce que je n'ai pas encore vu depuis que je suis aux Indes. Les Anglais ont, il me semble, raison d'en empêcher l'importation, car c'est un fait bien connu et bien naturel, que les Orientaux préfèrent l'or au papier et l'enfouissent. Que feraient les Indous du papier des Anglais si ces derniers venaient à être chassés des Indes, comme ils l'espèrent, comme ils y comptent? N'avons-nous pas eu dernièrement un avertissement à ce sujet après l'insurrection de 1871 en Algérie, lorsque les Kabyles payèrent à la France immédiatement et en bon or français la forte indemnité dont ils furent frappés? En outre, ici plus encore qu'en Algérie, les pièces d'or trouées constituent bien souvent une parure aux femmes, et beaucoup d'autres sont fondues.

Conclusion : c'est une bonne opération financière que d'arriver aux Indes avec de l'or, de se faire indiquer un changeur natif et de lui changer son or avantageusement contre du papier anglais et quelques bonnes rupies d'argent, ce qui est toujours très facile.

Je me trouve à l'hôtel avec les capitaines de trois vieilles barques françaises qui sont ici en rade, attendant depuis six semaines une cargaison qu'un steamer anglais vient leur enlever sous le nez, bien que les Messageries touchent ici deux fois par mois.

Visité Tanjore, Trichinopoli, Madura, où se trouvent les plus beaux spécimens des grands temples du sud de l'Inde, les grands gopurams ou pyramides de dieux peinturlurés et colossaux; l'un avec ses deux têtes, un autre avec ses huit bras, sa tête d'éléphant ou de sanglier, ou sa queue de poisson, etc., et cent autres sont rangés et superposés extérieurement dans des poses variées, presque toujours grotesques. Un ton rosé de chairs, introuvable chez les Indous, semble être l'apanage de tout ce peuple de dieux et de déesses, car il domine dans tout ce bariolage qui rappelle assez, par l'ensemble de ses tons, de vieux émaux.

Le riche accoutrement de tous ces dieux n'est pas moins bizarre et recherché que leurs poses ou leurs têtes; beaucoup semblent uniquement vêtus de bijoux, d'autres ont des bonnets en forme de tiares ou de plus singuliers encore. De riches passeaux ou des justaucorps sont étroitement appliqués sur des corps contournés; des corps féminins à la taille invraisemblablement étranglée semblent un double tas de petits ballons.

L'ensemble d'un de ces gopurams ressemble avant tout à une haute montagne de polichinelles et de pantins gigantesques, ce qui donne un aspect tout à fait puéril à ces temples, soit dit au risque de choquer ceux qui sentirent ici s'envoler leur âme. Il est facile de grimper sur les sommets de certains, dans l'intérieur desquels, malgré les jours assez nombreux ménagés le long de l'escalier, on ne rencontre que d'innombrables chauves-souris.

Ces bizarres pyramides, qui atteignent parfois la hauteur de celles de l'Égypte, ne se terminent pas en pointe comme celles-ci, et sont à base moins étendue. Leur sommet pointu est tronqué et les petites faces sont souvent terminées par un gracieux ornement en forme de coquille ou de queue de paon déployée.

Tous ces gopurams ne sont qu'un amas de briques, entièrement revêtu du mastic ou ciment avec lequel l'ornementation est faite, et reposent sur des assises colossales de pierres de taille hautes de plus de dix mètres. Les immenses galeries de l'intérieur de ces temples sont publiques; dans certaines même se trouvent disposés de véritables bazars, dont les marchands se sont installés au pied de quelque monumental bloc de pierre représentant une divinité ou une incarnation de Vichnou, ou se sont rangés au-dessous de quelque alignement de chevaux ou de tigres de pierre à la gueule ouverte et menaçante, qui semblent se dresser en mesure dans un élan général pour frapper de leurs durs sabots ou broyer sous leurs formidables dents pointues le peuple de grenouilles qui grouille à leurs pieds. D'énormes éléphants font lentement résonner leurs cloches en marchant sous ces énormes voûtes, et en bêtes non moins adroites que sacrées, sont occupés à ramasser à terre, voire même à prendre directement dans votre main avec leur trompe la plus menue offrande et à la passer pardessus leur tête à leur cornac. Ces gaillards-là sont si indiscrets et si adroits qu'ils vous fouilleraient, je crois, au besoin.

Il n'est pas de temple important dans le sud de l'Inde qui ne possède sa salle des mille piliers, dont chacun compte au moins quatre à cinq mètres de haut; plusieurs représentent des groupes importants.

Un artiste habitué en Europe au respect des belles formes, ou même à la reproduction exacte de la nature, se sentirait ici littéralement écrasé et emporté dans un pays inconnu, confondu qu'il serait de l'audace bizarre des sculpteurs; aussi ne me plaçai-je pas une seule minute à ce point de vue spécial; bien qu'au milieu de cette cacophonie, certaines statues étonnent par l'air calme, leur taille colossale, leurs extrémités fines et leurs lignes relativement pures où se trouve par hasard un peu de ce que nous pourrions appeler le sentiment de l'élégance, à ce point que si elles ne reflètent aucun caractère divin, elles possèdent au moins un air de distinction qui les fait remarquer.

On ne s'en dit pas moins, en sortant de ces pagodes indoues, qu'étant donné le peu d'aptitude des Orientaux en général au dessin, les mahométans ont fait acte de bon goût en proscrivant de leur ornementation en général, par conséquent de leurs mosquées, la reproduction de tout être vivant, de l'homme, et surtout de Dieu, qu'on évite ainsi de livrer au ridicule. Dans des coins retirés se trouvent de vieux oripeaux de festivals.

Des portes de dimensions variées donnent accès de ces galeries dans des salles où sont précieusement conservés les riches trésors des temples, ou dans d'autres plus mystérieuses encore dont l'entrée est absolument interdite à tout étranger.

A Madura, de la galerie circulaire aux murs décorés de très fines peintures qui entourent le tank, on aperçoit un dôme d'or dont on ne peut même approcher.

Un nombre variable, souvent considérable de bayadères, est attaché à chacune de ces pagodes, dont le voyageur ne saurait saisir le mystère.

Le prince de Galles ayant un jour forcé l'entrée d'un de ces réduits sacrés dans l'île de Shriragam où se trouvent les beaux temples de Trichinopoli à 2 milles de la ville, les lieux où posa son pied profane durent être purifiés avec éclat, de manière à frapper le peuple témoin de ce sacrilège.

§ 2. — BRAHMANISME.

Aucun culte n'est, je crois, moins respectable et plus égoïste que le brahmanisme, et les brahmes paraissent être les premiers farceurs du monde. L'origine de cette religion se perd dans la nuit des temps, puisque le boudhisme, qui est un schisme du brahmanisme, est antérieur lui-même de quatre cents ans au moins au catholicisme, mais la persévérance me paraît la seule qualité de ces méprisables ministres qui travaillent sans relâche depuis tant de temps à l'isolement, à l'affaiblissement, à l'abrutissement de ce malheureux peuple, dont leur doctrine a depuis si longtemps presque complètement détruit et le physique et le moral.

Nul mieux que les brahmes n'a jamais appliqué la célèbre devise : « Diviser pour régner. » Isoler le peuple pour le conserver dans l'ignorance, le diviser ensuite au moyen des castes, a toujours été en effet leur but évident et unique.

Je ne doute pas que plus on examinerait leurs innombrables préceptes, plus cette évidence ressortirait : d'abord, interdiction au peuple de la nourriture réconfortante de la viande ; puis, sachant que c'est à table, ou aux repas pour parler plus exactement, que l'esprit s'ouvre, s'épanche et se meuble le plus facilement, les brahmes ont décidé que le regard, l'ombre même d'un étranger effleurant le riz d'un Indou, rendait cette nourriture impure et qu'elle devait être rejetée aussitôt ; doctrine merveilleuse, solidement appuyée sur l'appétit et la sotte vanité, et dont il est facile de gonfler les esprits affaiblis des fidèles.

Tout Indou qui quitte sa terre natale perd sa caste.

En outre de tout cela, Dieu sait quelles saturnales se passent dans ces temples, à certaines époques de l'année ! Un des Pères de la mission française de Tutticorin, dont l'évêque, Mgr Canoz, réside à Trichinopoli, m'a assuré que presque toutes les fois des femmes y périssaient étouffées.

Cette idée de castes est tellement enracinée chez les Indous qu'elle subsiste même chez les convertis, très nombreux dans le sud de l'Inde (le district de Madura en possède plus de 370,000), et avec cet esprit, l'amour immodéré des bijoux ; les oreilles des chrétiennes tout aussi bien que les oreilles païennes sont tellement percées et surchargées, les déchirures s'allongent tellement que, parfois, le bord inférieur des oreilles descend jusque sur les épaules comme une véritable loque de chair humaine.

L'aspect des dieux de formes monstrueuses, relégués souvent au fond de petites caves rarement ouvertes et toujours très peu éclairées, les récits terrifiants de la mythologie indoue, (il est à remarquer que si Dieu fit l'homme à son image, les hommes créent presque toujours des dieux qui valent encore moins que lui, au point qu'on n'en peut jamais laisser deux ensemble un instant et les dieux indous ne faiblissent pas à cette règle générale à toute mythologie), les prières rédigées en réel ou en faux sanscrit, que les très grands brahmes, seuls, sont censés comprendre; tout dans cette religion, où ne se trouve rien de grand ni de généreux, concourt à l'abrutissement des fidèles dont les brahmes ont réussi à faire des êtres passifs, étiques, sans muscles et sans force, qu'on tue, dit-on, en leur heurtant tant soit peu l'estomac, sans regard et sans volonté, le ventre collé au dos. Aussi la vraie image de cette religion, était-ce bien ce lourd char de pierre de la Junggernath, écrasant par milliers à certaines fêtes les hallucinés qui venaient d'eux-mêmes se précipiter sous ses roues : cette cérémonie existerait encore si le gouvernement anglais ne l'avait interdite. Des fakirs et des fanatiques se condamnent encore eux-mêmes à mille mortifications, cent fois décrites, à faire frémir, et généralement dégoûtantes, afin de se purifier; c'est là sans doute ce qui fit dire à plusieurs missionnaires que le nombre des possédés du démon était très grand aux Indes.

La purification, voilà le grand mot du brahmanisme; c'est ce mot qui en caractérise le mieux la pratique. La salive est impure et les doigts par conséquent ne doivent pas la toucher; il est vrai qu'avec l'usage du bétel, la salive native est une chose bien répugnante; les brahmes mêmes n'ont qu'une seule main parfaitement pure, la droite, ils sont toujours porteurs d'un cordon lissé par des mains particulièrement pures, les vases de cuivre dans lesquels ils mangent n'ont jamais été souillés par aucun contact impur. Tout être de caste inférieure ou tout étranger n'est qu'une impureté, et n'étaient les chemins de fer, on n'aurait jamais vu un Indou s'asseoir à côté d'un homme de caste inférieure.

La viande est une nourriture impure; on vit cependant des brahmes faire cas d'un bon bifteck pour leur usage personnel, mais en cachette; encore faut-il qu'il ne contienne pas d'os qui puisse les compromettre, et cela sur l'assurance d'Anglais et de missionnaires catholiques.

Un Indou qui n'a pas au moins un fils ne peut espérer aucune félicité dans l'autre vie, aussi beaucoup envoient-ils, en désespoir de réussite, leur femme se faire féconder au temple par le Dieu lui-même, pendant l'obscurité de la nuit, non toutefois avant que cette dernière n'ait purifié son cœur par les prières et son corps par les ablutions prescrites; ce fréquent miracle, quand il réussit, donne naissance à de petits Indous qui ne sont ni plus purs ni mieux bâtis que leurs papas dont ils conservent la caste. Tel m'a été expliqué et m'est apparu le brahmanisme, solidement établi sur l'ignorance et consacré par un nombre inconnu de siècles.

Les Indous de la caste des brahmes sont toutefois les meilleurs soldats, les plus disciplinés.

Les Portugais, audacieux et aventureux, mais paresseux et vaniteux, ne surent attendre l'écroulement de l'empire mongol et mettre la main sur cet immense peuple si bien préparé à être gobé. Les Anglais n'y manquèrent pas, la chose n'étant peut-être pas difficile à un vainqueur politique, actif et persévérant; mais autre chose est de prendre les Indes et d'y répandre l'instruction, et surtout de s'en faire un appui. S'en faire aimer est impossible.

C'est à Madura que se trouve le plus beau et le plus grand temple du sud; ses galeries, dont quelques-unes servent de bazar, sont énormes et extrêmement nombreuses et parcourues en tous sens par les natifs de la ville dont le temple, placé juste au centre, peut compter comme une bonne moitié.

On voit à Tanjore le palais célèbre et assez original, quoique particulièrement laid, de la princesse régnante, construction sans aucune apparence extérieure et sans attrait à l'intérieur, malgré un soi-disant musée intéressant et un colossal et célèbre canon traînant sur les remparts, qui ne peut être comparé qu'à une longue barrique de fer mal cerclée et mal jointe.

Près de Trichinopoli se trouvent placés de beaux travaux anglais au confluent du Canry et du Caleron, destinés à répartir l'eau également dans les deux rivières et à faciliter l'irrigation dans les terres imposées en conséquence, et un temple protestant bâti par un des derniers mahrajahs.

Trichinopoli et Madura possèdent également de fort beaux tanks ou bassins. Mais ces endroits frais et sacrés sont si nombreux aux Indes, tout au moins dans les centres importants, qu'il deviendrait monotone de les signaler tous.

Entre Trichinopoli et Madura le chemin de fer longe des collines assez giboyeuses, dit-on, et assez jolies.

A la dernière station avant Madura, habite un Français, M. de Jonclair, qui possède des plantations de café dans la montagne.

Curieux vases de cuivre ou de laiton fabriqués à Tanjore, travail tout particulier d'un artiste connu dans le pays ; j'y achète également de longs voiles de femme tissés rouge et or, qu'enveloppe un papier portant l'adresse du fabricant à Lyon, rue Puits-Gaillot.

Les bengalows de voyageurs, dans ces dernières villes du sud, se trouvent à la station même, où le voyageur trouve dès son arrivée toutes les facilités pour visiter les temples de la ville; aussi le sud de l'Inde se voit-il très vite, d'autant plus que ces stations ne donnent l'hospitalité aux voyageurs que pour 24 heures, — d'où nécessité pour eux de se presser. Plus on s'enfonce dans le sud, plus le goût des bijoux s'accentue chez les populations, voire même chez les hommes. Certaines femmes, en outre d'une petite calotte en or massif et ciselé, portent dans les cheveux une multitude d'autres bijoux; il en est dont le nez et les oreilles disparaissent presque complètement derrière la quincaillerie, et bien que pieds nus, elles font autant de bruit en marchant avec leurs bracelets de jambes et de bras que si elles portaient des souliers ferrés. Chaque train transporte une cargaison d'or considérable.

Arrivé enfin à travers une belle forêt de palmiers à Tuticorin.

A Tuticorin aucune pagode, aucun palais à visiter, et j'en suis, ma foi, bien aise ; le bateau qui doit me transporter à Ceylan est en retard et je me réjouis d'avoir deux ou trois jours à me reposer sans voir ni monument ni personne; je vais me distraire à tirer des poissons dans les flaques d'eau sur le bord de la mer. Chemin faisant, je passe au milieu des natifs occupés à transporter des balles de coton sur des chalands et j'en sors couvert de ouate. Apprenant, en rentrant à l'hôtel, que dans une petite île à 2 milles au large se trouvent des perdrix et des lièvres, je m'y rends dans une barque du pays aux parois minces et assez peu solides en apparence, et malgré une assez forte houle ; mes 4 ou 5 hommes d'équipage me servent de rabatteurs et je me trouve le soir au soleil couchant possesseur d'un lièvre et d'une perdrix à remettre aux mains du mauvais cuisinier de l'hôtel ; je jouis, en rentrant le soir à l'aviron, d'une forte mer, ayant en face de moi le beau spectacle du soleil couchant sur Tuticorin, et, pour me tenir compagnie, les chants de mes marins, tous chrétiens, qui, il n'y a pas plus de 5 à 6 ans, allaient encore chercher des perles au fond de la mer ; mais depuis, les huîtres, paraît-il, sont malades et les bancs se sont en outre déplacés ; pour le moment, à peu d'exceptions près, les pêcheurs de Tuticorin attendent leur retour.

5 septembre. — Été le lendemain matin à la mission où se trouvent trois Pères français, qui me reçoivent en frère ; la mission se compose :

Du Père Barbier, supérieur de la mission ;

Du Père Laventure, en charge de Tuticorin ;

Et de son assistant, un tout jeune et charmant homme, le Père d'Erceville.

La mission qui se trouve dans ce pays, habité autrefois par saint François Xavier qui y fit de nombreuses conversions, ne manque pas d'élèves, et forme, pour le gouvernement anglais qui la rétribue en conséquence, des natifs capables de servir comme employés de police, chefs de gare, facteurs, télégraphistes, etc. Beaucoup en sortent chrétiens.

A peine rentré à l'hôtel, j'en suis littéralement enlevé par M. le collecteur, M. Undervood, qui me chipe à l'hôtelier.

Il est logé dans un superbe bengalow au bord de la mer et donne ce soir un dîner d'adieu à un jeune officier de la police anglaise de Tuticorin, nommé à un autre poste.

Lawn-tennis chez M. Brice où je trouve M. Mac Dougal, représentant de la « Madras Bank », Mmes Mac Dougal et plusieurs autres dames et gentlemen. Ce soir, dîner copieux d'hommes jusqu'à 4 heures du matin. La petite chansonnette comique et locale du dessert sur les baboos, le half cast, etc., fait place aux grands airs, et on se sépare fort tard aux chants du *God save the queen* et de la *Marseillaise*.

Je reste encore deux ou trois jours en attendant le bateau chez mon hôte M. le collecteur, premier magistrat du district, qui dépend de Tinivelli, et comprend environ un demi-million de sujets.

Le fonctionnarisme dans un district comme celui de Tuticorin se compose d'un collecteur, d'un sous-collecteur et d'un assistant qui peut être un indigène.

Les collecteurs, soumis à quelques inspections dans l'année, répartissent et récoltent l'impôt, et jouissent de pouvoirs très étendus.

Certains administrés dans le sud paient jusqu'à 12 et 13 rupies l'acre, d'impôt, dans les contrées irriguées; d'autres ne paient pas plus de 4 annas.

Les assistants indigènes, avant d'être nommés, doivent aller passer certains examens en Angleterre ; il en existe actuellement environ un millier aux Indes. Quarante à cinquante candidats sont nommés chaque année ; mais alors ils n'appartiennent plus à aucune religion ni à aucune société ; ils sont très malheureux, et on en a vu se tuer de désespoir. D'autres jouissent tranquillement d'une situation qu'ils savent rendre très lucrative, et peu à peu leur ventre, rempli non seulement de riz mais aussi de biftecks, finit par narguer la maigreur de leurs étiques administrés, sans compter que, si l'administration anglaise aux Indes entraîne beaucoup de papier noirci, elle ne comporte que peu de fonctionnaires largement rétribués, et messieurs les assistants trouvent déjà une bonne part de profits légaux. Du reste tous les jeunes Anglais eux-mêmes, qu'ils soient au service du gouvernement, d'une banque, d'une administration privée, ingénieurs ou officiers, trouvent aux Indes une installation généralement toute préparée et une vie large telle que bien peu d'entre eux pourraient la mener chez eux tant au point de vue du confort qu'à celui du sport (car ici chaque chose a son heure), et même qu'à celui du monde.

Le sud de l'Inde est très peu occupé, militairement parlant. On ne trouverait pas actuellement un seul soldat anglais de Trichinopoli, où il n'y en a guère, jusqu'au cap Comorin. Le centre militaire du sud de l'Inde est, du reste, situé bien loin d'ici, à Bangalore, au beau milieu du Mysore, état auquel dernièrement le gouvernement anglais accorda gracieusement l'indépendance.

La mousson d'hiver est sur le point de se déclarer ; les

feuilles commencent à pousser, et Tuticorin est fort animé décidément.

9 septembre. — Dîné chez M. Hibling, gentleman d'origine allemande et chef d'une importante maison de Tuticorin. Le lendemain, je m'embarque dans un des schooners de la côte pour aller prendre à 4 ou 5 milles en mer le bateau de la « British India » et me réveiller le lendemain matin en rade de Colombo.

§ 3. — CEYLAN

11 septembre. — Je rejoins à Colombo la grande ligne de Chine, d'Australie et du tour du monde.

Les voyageurs qui viennent directement d'Europe, arrivés à cette première étape, vont généralement à l'hôtel, qui diffère peu de ceux de nos villes d'eaux de France, de Suisse et d'Allemagne, malgré son personnel natif.

Les voyageurs des Messageries viennent régulièrement dîner ici et regrettent ensuite de n'être pas restés à bord ; quant à moi, la mise en scène de la vaste salle à manger remplie de petites tables propres et servies comme celles d'un grand restaurant de Paris, fait qu'un moment je me crois rentré en Europe, d'autant plus que j'ai en plus aujourd'hui la distraction du défilé de presque tous les passagers de l'*Anadyr* que je vais visiter dans la journée et où je prends, en passant, un léger lunch tout français, arrosé de l'excellent vin d'ordinaire de la Compagnie des Messageries.

Je suis bien surpris de la forme des barques particulières que l'on trouve à louer ici et qui sont tellement étroites qu'une personne assise ne peut y tenir ses deux pieds à côté l'un de l'autre. Cet auget repose sur une quille au moins une fois plus large que lui-même, inutite de dire qu'on s'assied sur une petite planche ajustée sur les deux bords, car la partie postérieure de bien des gens ne trouverait pas se à caser entre lés deux planches. Une grosse poutre en forme de cigare, maintenue par deux arceaux à deux ou trois mètres sur un côté de l'étroit appareil, sert, paraît-il, de contrepoids. Cette petite machine, dont la construction demande en somme moins de main-d'œuvre que n'en demanderait un canot, est, m'assure-t-on, inchavirable; quelques-unes portent des voiles. Je retrouve ici mes riverains immobiles debout et flottant sur l'eau.

Mon premier soin est d'aller à Kandi, par le célèbre et féerique chemin de fer qui y mène à travers les montagnes et la plus belle végétation que l'on puisse voir. La belle jungle épaisse et toute fleurie! Les beaux bouquets d'arbres tropicaux et variés! Quelle vitalité débordante dans cette végétation touffue! Ce pays doit ressembler au Paradis Terrestre avant la faute d'Adam, car il semble que, de même que la végétation, l'homme ici ne doive jamais mourir.

Les longs et minces arrequiers, lorsqu'ils se détachent sur quelque épais fond de verdure, semblent des nerfs mis à nu, de cette puissante nature, quelque blessure passagère faite par quelque arme colossale, mais impuissante.

Au bout de deux heures, le train s'engage dans les

montagnes au milieu d'une nature très accidentée, tantôt resserrée, tantôt longeant à mi-flanc des rochers à pic d'où la vue s'étend sur d'immenses cuvettes au fond et aux pentes pittoresques ; la scène est parfois si grande alors que l'on ne s'aperçoit pas tout d'abord des traces de l'affreux défrichement. Là commence pourtant l'image de la mort, alors qu'on aperçoit subitement des arbres à moitié calcinés étendant leurs bras décharnés et noirs au-dessus de quelque plantation de café, comme pour maudire l'envahisseur meurtrier avant de mourir, et attirer sur lui la vengeance céleste, la maladie et la mort.

Le ciel semble écouter cette prière, car beaucoup de planteurs sont sur le point de renoncer au café. Un ver qui tend à se répandre de plus en plus, sans qu'on ait pu l'arrêter, ronge la racine des caféiers et les tue.

Pendant que ceux-ci meurent d'eux-mêmes, on voit, il est vrai, prospérer de distance en distance au milieu de la désolation, de superbes chinconas, et dans certaines plantations, la culture du quinquina a déjà entièrement remplacé celle du café.

Le train passe au bel endroit appelé, à cause de la hardiesse de la construction de la voie taillée dans le roc à pic à une hauteur vertigineuse, *le roc à sensations;* puis il s'enfonce dans une petite gorge à pentes douces ; il arrive peu après à Kandi, si joliment situé au bord de son beau lac.

Visité le temple boudhiste avec son toit étendu et pointu, style chinois ou japonais écrasé, assez gracieux quoique lourd, très ombragé par les grands arbres de la place dont un des côtés donne sur le lac même.

Le boudhisme ici semble se ressentir du voisinage du brahmanisme ; contrairement au pur boudhisme birman, il est comme entaché de mystère; Boudha enfermé dans une vitrine mal éclairée, placée elle-même derrière deux ou trois portières, n'est visible qu'à certains moments.

Quant à la dent de Boudha que possède le temple de Kandi, elle n'est visible que deux ou trois fois par an seulement ; pour cela il faut, paraît-il, la réunion de trois prêtres ayant chacun une clef différente.

Les moines sont en tout semblables aux pongees de Birmanie : barbe et cheveux rasés, et la même affreuse robe jaune les habille comme les lamas de Chine. Ici ils ne touchent pas non plus au vil métal, mais ils ont un tronc dans le temple.

Ils possèdent de très curieux ouvrages ou livres indigènes écrits sur feuilles de palmier montées en or, argent, ivoire ou bois de sandal, et aussi des livres anglais, dans un pavillon spécial qui sert de bibliothèque. Les supplices de l'enfer sont badigeonnés le long des murs; ces peintures sont l'expression d'un art sans aucun intérêt.

Les costumes natifs, toujours mêlés à ceux des coolies indous, ont cependant leur caractère. Les femmes ont un costume analogue à celui des Birmanes, mais porté si différemment que cette analogie ne frappe pas au premier abord, tant les femmes d'ici ressemblent peu aux petites Birmanes à la figure presque blanche, à la démarche si dégagée, à l'air si éveillé.

Les hommes agrémentent fréquemment leur costume natif de peignes d'écaille et rejettent leurs cheveux en arrière, sans toutefois réussir à donner la moindre animation à leur physionomie d'Indous.

A Kandi se trouvent deux des plus jolis jardins qui soient au monde. Celui du gouvernement à Kandi même; et, à 3 ou 4 milles, celui de Paradenia, plus complet et plus étendu que le premier; il appartient au gouvernement. Le dernier est public, il est un but de promenade des plus merveilleux que l'on puisse rencontrer; c'est là qu'on voit sur le bord de l'eau de splendides gerbes de bambous géants, des rotins immenses, et une quantité d'autres arbres nouveaux pour le voyageur venant de l'Indoustan: vingt espèces de palmiers, l'arbre du voyageur, des cacaos; par endroit, des faisceaux inextricables de lianes ou d'orchidées, des arbres dont les racines semblent s'entrelacer sur terre comme des boas et faire suite aux lianes qui garnissent leur tronc. A certains arbres pendent de grandes fleurs d'un rouge flamboyant de 40 à 50 centimètres de long, étagées comme de petits lustres; d'autres au contraire sont collées aux branches comme des fleurs de cactus, etc., etc. De réels et jolis serpents inoffensifs se promènent au milieu de ce parc merveilleux qu'ils embellissent encore, et finissent par vous charger, la tête dressée, si on les contrarie trop, ce qui est du reste bien inutile.

14 septembre. — Désireux de faire l'excursion du pic d'Adam, je me rends en chemin de fer à Nawalapitija, situé à 22 milles sur une bifurcation du railway de Kandi, où je prends le courrier, mauvaise petite voiture qui me dépose le soir à Dikoya d'où il ne me reste plus que deux jours de marche pour gagner le pic, par un assez vilain temps.

Je me trouve en pleine exploitation de café; aussi le pays que je viens de traverser finit-il par devenir assez laid. Comment, cependant, ne pas admirer certaines parties boisées où se voient également de magnifiques escaliers de pierre larges d'une cinquantaine de mètres environ, le long desquels roule de chute en chute une large nappe d'eau. Ces belles cascades à gradins semblent être un des caractères du pays.

Rencontré par hasard dans le village un jeune planteur, M. Hayes, qui m'envoie, peu après que je l'ai quitté, un cheval chez l'épicier natif où je suis descendu, et me donne chez lui une hospitalité aussi agréable qu'inattendue; il m'offre en outre des lettres pour des amis à lui installés au pied du pic d'Adam, et qui, jointes à une lettre que je rapporte de mon voisin de table de Kandi, m'assurent toutes les commodités possibles pour mon excursion; mais en même temps il me montre le ciel brumeux depuis quelques jours et me dissuade de cette excursion; j'opère ma retraite et prends mon nouveau point de direction sur Neuwera Ellya, le sanitorium ou la ville d'eaux de Ceylan, située au bord du lac du même nom, et au pied du Pedurutallagalla, la plus haute montagne de Ceylan.

Arrivé à 11 h. du matin à la station de Gombola, je prends le coach qui, après une route de quatre heures à travers des plantations de café, route bien monotone au départ, me dépose au bengalow de Rambodee.

La passe de Rambodee, vue de ce côté, est probablement ce qu'il y a de plus beau à Ceylan.

Au sommet des montagnes rocheuses et inaccessibles qui dominent la large vallée par laquelle on arrive, on découvre depuis quelques instants la tête de nombreuses cascades.

A l'endroit où la route commence à contourner le grand et beau cirque qui semble la fin de la vallée, se trouve le bengalow. Ce n'est qu'en descendant à pied par une crevasse que l'on gagne la tête d'une belle cascade dont, en persévérant, on atteint le pied; de là on peut gagner une autre infractuosité à 200 mètres à gauche, comme la première dominée par la route, mais que le voyageur ne soupçonnerait pas plus que la première s'il continuait sa route sans s'arrêter. Dans le fond de cette dernière anfractuosité toujours humide et noire, se trouvent deux magnifiques cascades de 80 à 100 mètres, dont les eaux viennent se mêler dans le même bassin de rochers.

En remontant au-dessus du bengalow, nouvelle cascade d'où l'on aperçoit encore la moitié d'une autre, placée au-dessus de cette dernière. En un mot, plus on monte ou plus on descend, et plus on en découvre.

L'ensemble de cette scène, où disparaissent tant de jolis détails, tant de coins délicieux, qu'on découvre un à un en s'écartant de la route, est tellement grandiose que là encore on ne fait plus attention à l'horrible défrichement au milieu duquel on se trouve.

Le bengalow disparaît même en partie sous de véritables cascades de roses. Le gardien m'en place une énorme corbeille devant moi à dîner, attention délicate dont je trouve un peu triste de jouir seul, n'ayant pas même le moindre étranger pour me tenir compagnie.

Parti à pied le lendemain de bonne heure, je fais le tour du beau décor dont je viens de parler et m'enfonce au-dessus de la double cascade dans la passe de Rambodee. Tout du long de ma route je rencontre des sources d'eau glacée, ce qui n'est pas à dédaigner, car ce n'est qu'après trois ou quatre heures de marche que je parviens enfin à ce col que je me crois toujours près d'atteindre depuis la fin de ma route d'hier, et je puis distinguer à travers les arbres, à mes pieds, dans la verdure, les bengalows de Neuvara Ellya au bord de son beau lac, au pied du Pedurutallagalla, et, dans le fond, derrière le lac, une montagne isolée, le pic le plus élevé de Ceylan après celui-ci.

Jolie promenade autour du lac, au milieu de sortes de chênes verts en forme de parasol et de magnifiques rhododendrons arborescents.

De magnifiques daturas à foison ici et tout le long de la route.

De retour à Colombo je retrouve Bandmann et miss Baudet, comme moi toujours en tournée aux Indes, qui donnent le *Marchand de Venise* dans une salle de théâtre improvisée à la caserne, devant des dames décolletées et des habits noirs. De jeunes sous-officiers font les honneurs de la salle.

Été visiter à 30 min. en chemin de fer le mont Lavinia, une toute petite éminence où se trouve placé un hôtel anglais très confortable, au bord de la mer, mais complètement isolé entre la mer et les cocotiers. Ce séjour doit être bien monotone.

Je vais visiter le *Rome*, nouveau bateau de « P. and O. » retour d'Australie, dont on dit merveille ; il est, en effet, extrêmement luxueux et son salon, large comme le bateau lui-même, placé devant la machine, paraît extrêmement confortable. A la longue table étroite sont substituées quantité de petites tables indépendantes; ce salon n'est pas, toutefois, placé sur le pont comme celui du *Gourka*, destiné uniquement aux mers chaudes.

En rentrant à terre je découvre, flottant au-dessus d'un tout petit bateau à aubes, une longue flamme de guerre française; je m'y fais conduire immédiatement. L'officier de quart, M. de Grainville, m'invite à dîner à bord le lendemain, et le surlendemain j'y reviens déjeuner avec le commandant, M. de Sagazan.

Son petit bateau l'*Alouette* est tout neuf et à fond plat, étant destiné aux rivières de Cochinchine; aussi fut-ce avec un vif plaisir que je revis quelques jours après à Saïgon l'*Alouette*, arrivée à bon port. Les officiers de l'*Alouette*, qui ont assisté hier à une revue de la garnison anglaise à Colombo, sont émerveillés de la belle tenue des soldats anglais qui, bien que vêtus de carki blanc, ne le cèdent, en effet, en rien pour la tenue au plus beau régiment de Londres.

Un ou deux jours après, je m'embarque à bord du *Peï-ho* de la Compagnie des Messageries maritimes, et je savoure enfin sous le pavillon français un confort culinaire très appréciable; les londrès eux-mêmes me semblent exquis.

Notre traversée de cinq jours dans les straits est charmée par un concert qui nous est offert par des artistes lyriques italiens allant à Manille combler les vides faits par le choléra dans la troupe d'opéra; le choléra a dû frapper ferme, car on monterait un opéra complet avec les sujets du bord.

Autour de nous, les rives de la presqu'île de Sumatra,

ou quantité d'îles toutes plus verdoyantes les unes que les autres. Plusieurs Hollandais y furent massacrés, paraît-il, l'année dernière ; mais le gouvernement des Indes Néerlandaises y fit, ajoute-t-on, bonne et prompte justice.

Au milieu de ces innombrables petits dômes de verdure émergeant de la mer, se trouve la belle rade de Singapour, station sans intérêt en elle-même, mais dont le jardin botanique est très curieux et très varié. Je m'aperçois que je ne connais pas encore tous les palmiers, le palmier épineux, par exemple. En revenant du jardin, nous cueillons, nous-mêmes à l'arbre, de délicieux lechees frais.

Le lendemain matin, près du *Peï-ho*, je reconnais l'*Alouette*, mouillée contre nous ; mais le petit bateau est en partance, on me jette toutefois une corde au moyen de laquelle je me hisse à bord, et grâce à cette petite manœuvre, je puis serrer au passage la main à mes aimables et joyeux compatriotes. Deux ingénieurs, M. Blanchard, retour de Venezuela, et M. Gentil, retour de Panama, m'aident à passer le temps très agréablement. On parle fort d'un projet français de percement de l'isthme de Kra, dans la presqu'île de Malacca ; ce n'est cependant pas ce qui attire ici mes nouveaux amis, j'ai su depuis qu'ils étaient retournés en France, abandonnant certains projets de canaux très utiles qui les avaient amenés à Saïgon.

CHAPITRE V

COCHINCHINE ET CHINE.

§ 1. — SAÏGON

2 octobre. — Le *Peï-ho* arrive à Saïgon à 5 h. du soir par la rivière sinueuse et étroite.

Tout voyageur venant des Indes sera toujours réjoui, je pense, par l'aspect animé des rues de la petite ville de Saïgon, rues ombragées et sur lesquelles sont ouverts nombre de cafés qui s'emplissent de flâneurs à l'heure où se joue le lawn-tennis, et se font les promenades aux Indes.

Tout ce monde, à vrai dire, sans en excepter les nombreux fonctionnaires, est assez mal tenu et ne s'occupe guère plus d'affaires que de sport, car les principales maisons, paraît-il, sont chinoises ou allemandes ; néanmoins l'aspect de la ville reste frais et agréable.

Une avenue, si je ne me trompe, est plantée en tecks superbes ; j'ignore si la Cochinchine possède des forêts de tecks, mais au moins peut-on toujours y acclimater cet arbre dont le bois est si précieux pour la marine. Je n'ai pu, pendant mon court séjour ici, être renseigné sur ce qui se fait à ce sujet.

Notre promenade dans le Jardin botanique, riche et touffu, se trouve embaumée par la présence de superbes gardenias en pleine terre et en floraison.

Les environs, extrêmement plats, coupés d'arroyos, doivent être un pays à riz étonnamment riche.

Promenade à Chollen par la route que longe le tramway à vapeur. Activité de la ville annamite. Affreux types et affreux costumes des Annamites. Les temples chinois sont les mêmes partout, sauf quelques-uns à Pékin.

Belle statue de l'amiral Rigault de Genouilly. Pas de journaux à Saïgon en ce moment. Étant donné l'usage batailleur que mes compatriotes font si souvent de la presse, j'avoue que je regrette peu cette lacune.

L'*Alouette* vient d'arriver à Saïgon peu après nous. La rivière contient en outre deux barques françaises. La Compagnie fluviale qui fait le Tonkin possède, me dit-on, six bateaux.

C'est ici que je mange les premiers kakis, si semblables pour l'œil à des tomates, et si frais. La vue incessante des tas de kakis va me poursuivre sur tous les marchés chinois jusqu'à Pékin au mois de décembre.

Partis hier soir, nous longeons toute la journée les côtes déchiquetées et incultes de l'Annam, le long desquelles de petites voiles blanches trahissent seules la présence de l'homme sur ces rivages.

Les Chinois transportés par le *Peï-ho* installent sur le pont de véritables petites maisons en nattes, à l'ombre desquelles les Chinoises servent le riz aux hommes, et mangent ensuite ce qu'ils ont laissé.

§ 2. — HONG-KONG

Nous nous réveillons ce matin dans la splendide rade de Hong-Kong, tout entourée de collines nues quoique verdâtres. Au pied de la plus élevée d'entre elles se trouve Hong-Kong, qui nous apparaît comme une ligne blanche d'où se détachent, comme autant de points blancs de plus en plus clairsemés à mesure que l'œil monte : ses nombreuses villas. On en aperçoit même quelques-unes tout en haut, semblables à de petites flaques de neige.

Un canot aux ordres de M. Tonnochy, passager du *Peï-ho* et directeur de la prison de Hong-Kong, nous emmène lui et moi à terre.

Quelques policemen indous, à la vue de M. Tonnochy, distribuent immédiatement quelques coups de fouet retentissants aux coolies chinois qui, ne l'ayant pas reconnu, sont assez imprudents pour venir nous offrir leurs services intéressés. Assurément on ferait encore bien mieux marcher les Indous avec quelques policemen chinois ; mais à l'heure qu'il est, les serviteurs de messieurs les Anglais sont ici des maîtres respectés.

Nous nous rendons directement au club, où mon nouveau compagnon me fait inscrire séance tenante et donner une chambre. Quelques moments après, nous nous retrouvons à déjeuner en face l'un de l'autre, séparés par un plat de petits oiseaux connus sous le nom de ricebirds. Ces petits animaux sont un manger extrêmement fin, ils s'avalent rôtis, agrémentés simplement d'une pincée de poivre rouge ; on les récolte juste en ce moment dans les champs de riz qui entourent Canton, c'est-à-dire juste à la même époque que les becfigues auprès de Lyon et dans le Dauphiné.

Je quitte le jour même le club pour aller loger dans une des plus jolies villas de Hong-Kong, celle de M. Smith, correspondant de la maison Russel; puis, je redescends le lendemain matin en chaise chinoise par les chemins bétonnés propres et nets comme les villas au milieu desquelles ils serpentent, et bordés d'une double haie de plantes importées, jusqu'à la ville proprement dite, située au bord de la mer, et où se trouvent monuments publics, club anglais, cercle allemand, une belle rue marchande, et quelques autres plus petites, les quais, les maisons et les boutiques européennes habitées ou tenues en grande partie par des Chinois, etc., etc., ville aussi peu curieuse en elle-même que Singapour ou tout autre établissement européen en Orient, mais plus compacte.

Je vais remettre une lettre pour la maison anglaise Jardine, bien que M. Smith doive me procurer, par ses correspondants de la maison Russel d'Amérique, toute facilité pour visiter Canton dans le plus grand détail.

Quelques résidents possèdent tout en haut de l'île des maisons de campagne très aérées; je monte en chaise à travers ces villas jusqu'au sémaphore, le point culminant de l'île (1,700 pieds), d'où on a une belle vue sur la rade, la haute mer, la terre ferme et les nombreuses îles environnant celle de Hong-Kong.

Les Anglais ont trouvé moyen de tracer un champ de

courses dans un petit vallon sur ce rocher de Hong-Kong; c'est la seule promenade de la ville avec celle du Sémaphore. Il en est cependant de plus agréables, ce sont celles que seul peut offrir M. Smith dans son petit steamer de plaisance. autour de la magnifique rade en passant au milieu des beaux bateaux qui s'y trouvent. Nous allons ainsi en société prendre de temps en temps quelques bains de mer sur la rive opposée, la main land.

Déjeuné chez M. Tonnochy et visité la prison, admirablement bien tenue sous tous les rapports. Toute la clique chinoise des environs semble se donner incessamment rendez-vous à Hong-Kong, aussi M. Tonnochy est-il un personnage important d'ici. Naturellement bon, il sait dominer au besoin ses sentiments et mériter l'estime publique par une inaltérable fermeté.

§ 3. — CANTON

10 octobre. — Parti à 8 h. du matin sur un steamer de la « China navigation company » pour remonter la rivière de Canton où j'arrive le soir pour dîner. Défilés fortifiés, innombrables jonques toutes armées de quelques canons.

A l'entrée de Canton, tout entouré de champs de riz, se trouvent plusieurs canonnières de construction européenne, paraissant bien tenues et constituant une notable partie de la flotte du vice-roi.

D'innombrables jonques de tous tonnages sont rangées sur plusieurs files le long des deux rives du fleuve; cent mille âmes vivent sur l'eau à Canton, m'a-t-on raconté. De petits bateaux semblables à des sabots flottants et presque toujours manœuvrés par une femme seule, font le service d'une jonque à l'autre ou vont à terre aux provisions. Mon bateau mouille près de l'île occupée par les deux concessions française et anglaise. Un Chinois venu au-devant de moi me conduit à la maison Russel, placée sur la concession anglaise, où je suis hospitalisé par M. et Mme Cuningham.

La concession française est toujours absolument vide. Un Français, me dit-on, eut cependant un jour l'idée d'y construire une première maison, ce qui eût été bien facile si monsieur le consul français n'avait épouvanté dès son arrivée cet isolé, en lui énumérant tant de charges (entretien des berges du fleuve, d'un chemin qui restait du reste complètement à faire, etc., etc.) que celui-ci court encore.

De l'aveu de tous les résidents européens, à quelque nation qu'ils appartiennent, notre consul actuel est fou ; grand mangeur de prêtres à son arrivée, il communique actuellement tous ses dossiers à l'évêque. (J'appris la nouvelle de son changement de poste avant mon départ d'ici.) Toujours est-il que, durant mon séjour en Chine et au Japon, la moitié des soies exportées par les Messageries l'étaient à destination de la France et un tiers à peine pour l'Angleterre et l'Italie, et je ne pus découvrir la moindre maison française de commission ni en Chine ni au Japon, à peine quelques jeunes gens Français employés chez les Anglais ou les Américains, comme il y en a un ici venu de Lyon, et fort aimable, chez les Russel.

Illustre Gaudissart, où es-tu? Tu eusses trouvé ici maintes affaires toutes prêtes, sans compter celles que, grâce à ton génie exubérant, tu n'eusses pas manqué de souffler à tous ces Anglais, ces Américains et ces Allemands dont ton absence fait la fortune. Que ne viens-tu ici supplanter l'Anglais, narguer l'Amérique, déloger l'Allemagne et épater la Chine? Est-ce la politique dont tu aimais tant à te mêler qui t'a retenu? Reposes-tu à cette heure à Paris entre les deux bras de quelque fauteuil législatif, ou es-tu mort? Si tu es encore de ce monde, que n'es-tu ici pour ta plus grande gloire et la prospérité de la France!

De la concession on passe un pont jeté sur un petit bras de la rivière, et immédiatement après sous une des portes de la ville, et on est dans le plus curieux bazar du monde, et en même temps un des plus jolis, des plus colorés et des plus animés qui soient. Cette partie de Canton est peut-être la seule chose colorée qui se trouve dans cette immense Chine uniformément grise, sale, puante. L'aspect des longues petites rues, si étroites que deux chaises s'y croisent à peine, et parfaitement dallées, où fourmille cependant un peuple compact de gens affairés, étonne dès le premier pas, à cause surtout des longues planchettes de toutes couleurs (le chinois s'écrivant dans ce sens), couvertes de caractères chinois, et suspendues jusqu'au milieu de la rue, assez élevées cependant pour ne pas la barrer, et qui semblables à autant d'oriflammes aux couleurs des plus variées, donnent à tous ces innombrables petits passages un air de fête perpétuel qui s'allie admirablement au mouvement non moins perpétuel de la foule.

Le voyageur, que deux coolies transportent généralement en chaise avec une allure précipitée par les mille détours des rues, s'y sent vite perdu. Les innombrables boutiques de Canton ouvertes sur la rue dans toute leur largeur, sans aucune devanture bien entendu, sont tout ce qu'on peut voir de plus amusant, souvent même de plus coquet. Dans certains quartiers, celui des joailliers par exemple, ce sont de vrais boudoirs garnis de tentures brillantes, quelquefois très riches et surtout de boiseries remarquables de bois dur. Les vols sont cependant fort rares. Je ne vois du reste pas un flâneur dans toute ma tournée. Tous les Chinois que je croise paraissent fort affairés, même pressés et indifférents à tout ce qui peut se passer autour d'eux. La belle ruche que les quartiers marchands de Canton!

Quittant ces jolies et amusantes galeries où je passe trop rapidement, je retombe dans les faubourgs : adieu aux belles couleurs et aux riches boutiques. Maisons, temples, végétation, tout ce qui m'entoure est couvert de poussière ou de crotte et uniformément gris; Shang-Haï, Pékin et les quelques villages que j'ai traversés ne m'ont pas paru différer. Les temples se ressemblent beaucoup.

Dans l'intérieur de l'un d'eux, des lamas en robe jaune se livrent chaque jour à quelque procession et chantent quelque chose qui ressemble aux vêpres. Ce temple-là, assez étendu, possède, en arrière de l'autel, des cochons sacrés. Dans un autre temple, tout autour de la cour d'entrée, une série de scènes formées par des bonshommes en bois grandeur nature, représentent différents supplices de l'enfer; j'ai vu en France dans les foires maint spectacle analogue en cire ou en bois, représentant les Chauffeurs ou l'Inquisition. Ces misères sont les seules choses que le voyageur ait à signaler après avoir parlé en bloc des boudhas, dieux de la paix, dieux de la guerre, du tonnerre, etc., tous du reste absolument pareils, et uniformément poussiéreux, crottés et gris, en dépit de tout leur bariolage primitif.

Au milieu de la ville s'élèvent, au-dessus de tout autre monument chinois, les deux flèches de l'église catholique. Mgr Chausse, évêque de Canton, que j'ai la chance de trouver, s'habille en Chinois avec une queue superbe comme tous les missionnaires catholiques en Chine, et m'assure que les Chinois massacrent, rejettent ou écrasent quantité d'enfants nouveau-nés, notamment les filles. Les résidents de la concession m'assurent tout au contraire n'avoir jamais rien vu de semblable. La hauteur des flèches de la cathédrale catholique de Canton froisse énormément les Chinois, très superstitieux comme tous les peuples dont la foi n'est pas bien ardente et comme tous les boudhistes en particulier. Pourquoi, s'est-on demandé souvent, provoquer ainsi leurs rancunes? le catholicisme prend ici des airs de conquérant, et semble venir jeter un défi au paganisme ou tout au moins le braver jusque chez lui. Nos missionnaires ont cru devoir affirmer ainsi leur foi, et je laisserai à d'autres plus compétents le soin de les juger. Si encore ces flèches avaient l'avantage de donner l'heure à la ville qui ne possède qu'une horloge bien retirée, dans un petit endroit bien étroit, et qu'on ne visite guère que comme une curiosité. Cette horloge n'est autre chose qu'une fontaine dont l'eau s'échappe goutte à goutte et régulièrement; des récipients superposés se remplissent eux-mêmes graduellement, et l'inspection de ces petites cuvettes donne l'heure exactement.

Canton, comme Pékin, possède des salles d'examen dans lesquelles le regard plonge des remparts; il y a 1,500 ou 2,000 petits boxes sans portes faits de boue ou de l'horrible brique grise chinoise. On pourrait y mettre tant de chevaux si chacun de ces boxes avait une porte. C'est là que les jeunes lettrés, c'est-à-dire les gens assez versés dans l'art de l'écriture et les doctrines de Confucius pour affronter l'examen des différentes classes de mandarins, viennent s'asseoir et font une composition, sous la surveillance de quelques mandarins, qui se promènent dans les longs corridors à ciel ouvert.

De la rue même, à travers des grilles de bois, on peut voir l'intérieur des prisons où les prisonniers sont entassés; les hommes n'ont pas l'aspect triste ou furieux; quelques-uns même ont un air tout à fait jovial et nous demandent des cigarettes avec lesquelles nous faisons des heureux, semble-t-il. A côté, dans une cour, assis devant une méchante petite table, fonctionne le mandarin juge; de l'autre côté de la table se trouve le prévenu agenouillé. Un malheureux a l'air à moitié mort; ses deux mains et ses deux pieds sont passés dans les quatre trous juxtaposés d'une cangue placée verticalement derrière son dos; sous ses genoux repliés à outrance, son unique support, est glissé un paquet de chaînes. Personne n'accorde du reste la moindre attention aux plaintes du patient.

Dans une très petite rue où se font les exécutions capitales, demeure le bourreau, sorte d'hercule, personnage très jovial, et connaissant un peu d'anglais; je le rencontre dans la rue; il rit tout le temps en prononçant l'expression « cut the head », et en me montrant son grand sabre qu'il va prendre dans sa maison, et qu'il cherche en vain à me vendre.

Tout près de cet endroit est l'arsenal où un autre grand diable de Chinois, non moins gai que le précédent, me montre de petits canons d'acier d'un modèle français avec culasse à vis; il me raconte qu'il fabrique ça tout seul et fait mine de tirer sur moi. Cet arsenal est vraiment bien installé et ne laisse même rien à désirer aux yeux d'un simple amateur européen.

Été le soir sur la rivière, enjamber je ne sais combien de bateaux de fleurs juxtaposés, une vraie rue flottante sur laquelle sont grands ouverts, comme les boutiques de Canton, autant de petits roofs brillamment illuminés au moyen de lustres européens, et souvent décorés de superbes tentures chinoises; autant de cabinets particuliers dans lesquels il nous est facile de plonger nos regards, comme dans les boutiques de Canton, à condition toutefois de regarder également à nos pieds, sous peine de disparaître dans la rivière entre deux bateaux. On voit quantité de Chinoises dans tous leurs atours : leur chevelure ne saurait être mieux lissée, gommée, vernie que celle des autres Chinoises de la rue, mais ici quelques coiffures disparaissent sous les fleurs, on ne voit même de fleurs que là. Ce bouquet encadrant une figure soigneusement fardée et surmontant quelques broderies fond bleu, ajoute parfois à l'illusion que je me fais malgré moi : toutes ces femmes sont tellement polies, vernies et enluminées, qu'elles ont l'air d'être en porcelaine des pieds à la tête.

Le temps se passe doucement, dans les bateaux de fleurs, à manger, dans des soucoupes, une infinité de petits plats, à paresser, à rire, quelquefois à se griser. En vrais Chinois qu'ils sont, clients et clientes savent que la bonne cuisine demande du temps, et on ne les voit jamais s'impatienter après les serviteurs, ils font de la musique, jouent ou s'embrassent parfois très longuement entre les plats. Quelques-uns de ces roofs comportent plusieurs pièces, et même plusieurs étages, quelques-uns sont des maisons complètes.

Combien de brillants et amusants tableaux vivants messieurs les Chinois font défiler ce soir devant mes yeux par la nuit noire! Soirée des plus divertissantes. Tous les bateaux, j'allais dire tous les cabinets sont pris ce soir. Une chose qui me paraît particulière aux bateaux de fleurs : c'est la profusion de couleurs vives dans la décoration générale des salons. Retourné ce soir à Canton par la petite île de Macao.

§ 4. — MACAO

Rien à voir à Macao, qu'une vieille ville européenne dont les Chinois semblent être les conquérants : ils y sont comme chez eux et les Portugais paraissent les vaincus; on en voit se glisser dans les maisons de jeu que le gouvernement portugais afferme, et, comme les Chinois, du haut d'un petit balcon circulaire réservé au public, tendre leur mise dans une petite corbeille suspendue au bout d'une ficelle, ou repêcher leur gain. Ce fermage rapporte 160.000 dollars par an au gouvernement portugais et constitue le plus gros de son revenu de Macao.

Le soldat portugais surtout semble un être misérable, sale, laid, mal bâti, mal habillé et infiniment moins dégourdi que son collègue, le soldat chinois. Une seule chambrée à la citadelle réunit les soldats portugais et les soldats natifs, ils ne sont séparés les uns des autres que par une mince cloison longitudinale et peu élevée où sont appuyées les têtes des lits.

La caserne, qui domine la ville, spacieuse et bien aérée, est aussi mal tenue que les soldats.

Dans un jardin ombragé et accidenté attenant à quelque monument public se trouve la grotte de Camoëns, autour de laquelle semble ménagée une petite solitude très ombragée mais peu étendue. Sur la pierre, des vers gravés dans toutes les langues, et une multitude d'inscriptions témoignent de l'admiration générale que sut inspirer la poésie de Camoëns.

De ce parc minuscule, on a vue sur la mer, et encore aujourd'hui on y est bien isolé à condition de ne pas trop bouger; par conséquent assez bien disposé pour la rêverie.

Grand théâtre chinois.

Une frégate portugaise mouillée dans le port de Macao est la seule chose qui semble propre.

Quelques vieilles constructions de pierre, églises, escaliers, sont absolument sans intérêt, bien qu'on découvre par place des fragments qui accusent un reste de grandiose.

Un typhon effrayant en 1874, un autre en 1878 s'abattirent sur toute cette région. Lors de ce dernier, les habitations aquatiques de Canton, pressées les unes contre les autres, chavirèrent à peu près toutes, et 80,000 personnes trouvèrent la mort, dit-on.

Des coolies chinois se révoltèrent, paraît-il, une fois, pendant la traversée de Hong-Kong, massacrèrent l'équipage et s'emparèrent du bateau ; aussi à bord de celui sur lequel je rentre à Hong-Kong sont-ils solidement grillés.

Passé quelques jours de repos fort agréables à Hong-Kong chez M. et Mme Smith. Dîné dans plusieurs maisons, entre autres chez monsieur le consul de Belgique.

Je retrouve invariablement, tant ici, du reste, que plus tard à Shang-Haï, Tien-Tsin et Pékin, dans les albums photographiques, le portrait du sympathique amiral Duperré, qui me paraît avoir prodigué dans ces parages la vue du pavillon français et celle du « good looking amiral » qui laissa partout les mêmes bons souvenirs.

Je n'ai malheureusement pu joindre dans ces parages son successeur, l'amiral Meyer.

Le journal anglais de Hong-Kong parle des insultes que reçoit journellement de la part des troupes chinoises cantonnées côte à côte avec les nôtres dans Hanoï, le pavillon français, et des placards offensants pour la France que le général chinois fait coller sur les murs de la ville. L'audace chinoise va chaque jour croissant. Le même journal dit que douze compagnies chinoises, de 500 hommes chacune, sont parties pour le Tonkin. A Canton on me dit, en effet, que la garnison était partie pour cette destination.

Tout en faisant la part de l'esprit dénigrant des journalistes anglais, toujours heureux de montrer notre drapeau souillé, on sent que la situation actuelle ne peut durer, et dès aujourd'hui on n'est pas sans inquiétude pour notre corps d'occupation du Tonkin. Du jour où Hanoï fut pris, me raconte le directeur du Comptoir d'escompte, M. Blüm, l'or et l'argent nous arrivèrent en barres du Tonkin ; maintenant, plus rien.

Aussi ne fus-je pas surpris en arrivant à Pékin de voir notre ministre, M. Bourée, très préoccupé de cette situation sur laquelle je le trouvai même très imparfaitement renseigné de la part des autorités françaises de Cochinchine, qui lui refusaient leur concours dans les négociations qu'il avait ouvertes dès le premier bruit alarmant.

Je fais, avant de partir, la connaissance de notre jeune et nouveau consul français, M. de La Lande, récemment sorti de l'École des langues orientales de Paris. Il vient égayer, par sa bonne humeur et quelques chansonnettes comiques enlevées à la française, ma dernière soirée passée chez M. Blüm.

19 octobre. — Embarqué pour Shang-Haï sur le *Péking*, steamer de la maison allemande Simson, à bord duquel un brave capitaine allemand nous offre gracieusement des cigares et du cognac (le frenck milk), pour mettre dans notre thé en place de l'horrible lait conservé.

Fucheou nous apparaît à peine comme une petite traînée blanche. Quelques villages lancent sur la mer des nuées de barques de pêche de construction primitive mais très hardie ; les matelots qui les montent vivent en quelque sorte dans l'eau.

Longeons le reste du temps les côtes de Chine, nues et rocheuses comme celles de l'Annam.

§ 5. — SHANG-HAI

A Shang-Haï les trois concessions anglaise, américaine et française sont réservées sur le bord de la rivière et forment un large quai européen le long duquel se trouvent de magnifiques maisons ou hôtels, offices, banques, clubs, consulats, etc.

La concession française a toutefois peu de profondeur et est envahie par les Chinois; c'est là que je trouve un excellent hôtel français où je vais bien vite dîner.

On parle beaucoup à Shang-Haï d'une rixe qui a éclaté il y a deux jours entre les matelots anglais et les matelots allemands toujours armés à terre de leurs couteaux, ce qui est défendu aux matelots anglais et aux nôtres; nos marins ne viennent jamais à terre le même jour que les matelots allemands.

L'Allemagne tient à cœur d'entretenir depuis quelques années dans l'extrême Orient une escadre égale à la nôtre comme nombre de bâtiments.

Derrière et attenante en quelque sorte à la concession française, la sombre et inévitable muraille grise de l'enceinte de la ville chinoise, laquelle est fort étendue mais grise, sale, poussiéreuse, puante.

Visité ici encore dans l'intérieur de la ville la maison d'un riche Chinois. J'y retrouve la manifestation du même goût qui m'avait frappé dans les quelques maisons que j'ai visitées à Canton, entre autres un véritable club chinois que les guides ne manquent jamais actuellement de montrer aux étrangers comme un modèle d'arrangement. Toujours les mêmes solides bois durs, sombres, lourds, mais patiemment et habilement travaillés, et, chose devenue rare : sur des pieds de même nature, quelque merveilleuse porcelaine ming. Le goût chinois consiste évidemment à placer un objet brillant, qu'il soit étoffe, porcelaine cloisonnée, de façon qu'il se détache sur un fond sévère. La forme rigide des meubles confirme ce principe invariable du goût chinois tendant toujours au sévère, même au massif, au moins par l'encadrement ou le fond. En cela les Chinois diffèrent bien des Japonais, et dans leurs plus brillants assemblages de couleurs, quelque bordure bleu foncé ou autre vient adoucir la tonalité générale. Il semble que les Chinois se tiennent eux-mêmes en garde contre leur merveilleuse facilité décorative et restent sobres dans l'arrangement général.

Dans le jardin, je retrouve ce même goût bizarre que j'ai déjà remarqué beaucoup de fois à Canton et que je devais ensuite retrouver au Japon, pour la nature rabougrie ; des rochers dont les escarpements seraient effrayants pour des Lilliputiens, des allées qui semblent faites pour eux ; de petits arbres aux feuilles et aux fleurs minuscules réduits par des procédés chinois, comme les pieds des femmes ; des cascades d'un mètre et des fleuves d'un pied de large ; en somme un vrai parc de cinq mètres de côté.

Deux bateaux de guerre anglais, deux français, le *Villars* et le *Lutin*, un allemand et le *Peï-ho* des Messageries, sont mouillés en rivière en face du quai. Plusieurs bateaux chinois sont mouillés à quelques milles en aval d'ici, à un endroit où le *Péking* a croisé, en venant, le joli yacht à roues de l'amiral anglais.

Suis très pressé d'aller à Pékin et d'en revenir avant que le *Peï-ho* soit pris par les glaces, ce qui remettrait mon retour par eau à l'année prochaine, car je ne me soucie pas du voyage de Pékin à Sang-Haï par terre. Renonce à mon grand regret à aller chasser des faisans sur les ruines et dans l'enceinte même de l'ancien Nang-kin, bien que j'arrive juste au commencement de la saison.

Après une promenade en voiture de quelques milles à l'établissement des Jésuites, où se trouvent les plus beaux appareils météorologiques et magnétiques connus dans le monde entier, et qui ont été construits par le Père de Chevrins, actuellement en Suisse, son pays, je me hâte d'aller m'embarquer pour Tien-Tsin, à bord du *Ping-Hum*, bateau de la Compagnie chinoise au capital de deux millions de taels, dont Li-Hing-Chan possède, dit-on, la moitié des actions, lesquelles rapportent 20 pour 100.

Ces bateaux trouvent à s'assurer, à condition toutefois que le commandant soit Anglais.

Relâchons à l'entrée du golfe de Pe-tchi-li au milieu de la belle rade de Tchi-fu, dominée de tous côtés par de petites montagnes couronnées de forts, sauf du côté N.-O.

Plusieurs navires de guerre chinois.

Pour moi, ce que je trouve de plus remarquable dans la ville, qui possède quelques établissements anglais (spectacle sur lequel je commence à être blasé), ce sont les excellentes huîtres du pays, contournées à la manière d'huîtres portugaises, mais excellentes. Notre maître d'hôtel a la bonne idée d'en embarquer quelques douzaines. Je n'en jouis guère, commençant à souffrir cruellement de l'estomac. « Take wisky and soda, » me dit le capitaine du bord. « Take brandy and soda, » me dit en confidence le capitaine. Je n'en ai que trop pris, merci bien! et eux, qui se portent à merveille, s'en vont prendre ensemble « wisky and soda ».

Le lendemain matin nous passons au milieu de pauvres steamers en détresse devant la barre du Peï-ho ; et une heure après, le nôtre, dont le tirant d'eau est un peu plus faible, mouille à l'entrée de la rivière, devant les célèbres forts de Takou qui semblent faits de boue comme les autres maisons de Takou; l'arsenal est tout ce que nous pouvons visiter : la végétation elle-même, ou du moins les quelques arbres existants ne tranchent guère sur le ciel gris et sale; il semble qu'il ait plu de la boue toute la nuit dernière.

Les forts reposent sur de solides assises de pierre soigneusement casematées et sont fort bien construits et bien entretenus. J'ai su depuis qu'ils étaient également bien armés de canons Krupp, qui peuvent tirer en quelque sorte à bout portant sur la rivière et assez loin en mer, bien au delà de la barre.

Dans l'arsenal, deux des quatre dernières canonnières reçues d'Angleterre sont au bastion en réparation.

Au moins, dans cet affreux pays je trouve enfin de l'air frais à respirer et mes poumons se dilatent avec délices à ce régal.

Repartons au bout d'une ou deux heures en suivant la rivière sale, sinueuse et étroite du Peï-ho. Passons encore devant d'autres forts, à moitié route entre Takou et Tien-Tsin.

Dans un tournant la chaîne de la barre casse et le bateau pique sur un champ, où l'avant entre comme dans du beurre : accident fort ordinaire, paraît-il.

Le bateau mouille enfin à la nuit devant les concessions situées en aval de Tien-Tsin. Descends dans un hôtel assez confortable, à cuisine française, tenu par un Chinois.

28 octobre. — Courses de jockeys chinois, puis de gentlemen anglais ou allemands, dont le parcours est péniblement tracé à travers les tombes chinoises, dans la campagne environnante. Assistance assez nombreuse et élégante. Lunch copieux.

Le centre sportif des courses est Shang-Haï où le nombreux personnel d'affaires se livre fréquemment l'hiver au sport du paper-hunt. Ici, cependant, où se trouvent dans la campagne des quantités de lièvres, le sport est meilleur, car ainsi que j'ai pu le constater à mon retour, le pays plat des environs se prête admirablement à la chasse aux lévriers, et quelques résidents en possèdent d'excellents. On chasse également au faucon, et nombre de Chinois viennent aujourd'hui aux courses portant des faucons perchés sur un petit bâton ; beaucoup d'autres, il est vrai, se promènent tenant au bout du même petit bâton les oiseaux les plus insignifiants.

Souvent un prix est réservé aux courses de Tien-Tsin pour les matelots des canonnières en station ; mais une seule, une russe, étant mouillée actuellement à Tien-Tsin, cette course n'a pas lieu.

Club anglais très confortable où je suis conduit par M. Mignard, ancien lieutenant de vaisseau français, actuellement au service de la Chine, et qui travaille simultanément avec M. Von Henneken, officier du génie allemand, à la construction de Port-Arthur ou Port-Li, un nouveau port de guerre chinois qui sera situé à l'entrée du golfe de Pe-tchi-Li en face de Tshi-fu, suivant les plans proposés par lui-même à Li-Hing-Chan. Je me trouve en quelque sorte hospitalisé par mon aimable compatriote, heureusement pour mon malheureux estomac qui commence à se détraquer.

29. — Grande revue annuelle des troupes par Li-Hing-Chan; quatre bataillons de 400 hommes chacun, et une batterie Krupp; le tout, instruit à l'allemande, est présenté par M. Schnell, ancien sous-officier d'artillerie allemande. Exercices, défilés et feux exécutés avec une précision que ne saurait dépasser aucune troupe européenne. Viennent ensuite deux bataillons et deux batteries armés, équipés et instruits à l'anglaise, mais commandés par un Chinois, et qui exécutent leurs exercices, à peu de chose près, aussi bien que les premiers.

Dans la foule je reçois un coup de pied d'un méchant poney mongol qui me force à renoncer à mon projet de me rendre à Pékin à poney, « Frottez avec un peu de brandy, » me dit le docteur du bord, que je rencontre en rentrant. Force m'est de louer un de ces instruments de supplice qu'on appelle un char chinois; je le capitonne de mon mieux et je m'y étends le lendemain matin avant le jour, et en route pour Pékin en compagnie d'un ancien gendarme français actuellement employé à la police de la concession française de Tien-Tsin, par un froid réel, et muni d'un passeport délivré par la légation française.

Tout ce qui a été dit déjà sur les chars chinois me paraît au-dessous de la vérité, surtout en ville. Dans les rues de Tien-Tsin, j'essaye deux ou trois fois de lever la tête au-dessus de mon lit, je ne puis le faire sans me cogner contre les parois de mon char, quelquefois des deux côtés presque simultanément, et je retombe avant d'avoir rien vu. Une fois dans la campagne, je m'empresse de mettre pied à terre, suivant facilement à pied avec mon compagnon les poneys ou les mules qui traînent nos chars. Jusqu'à Pékin, pays plat et quasi nu, si ce n'est quelques saules en fait d'arbres; du blé vert, du coton, quelques légumes près des villages, c'est tout ce qu'on voit actuellement. Couchons à l'auberge chinoise au milieu d'une épouvantable atmosphère opiacée. Arrivons heureusement le lendemain à Pékin avant la fermeture des portes.

6. — PÉKIN

L'aspect de la grande cité carrée aux trois villes chinoise, tartare et impériale a été cent fois décrit: la ville chinoise est la première qu'on traverse; la ville impériale et le palais sont situés au centre de la ville tartare.

On n'en aperçoit tout d'abord que les murailles grises, si hautes que les portes énormes de la ville semblent un simple trou où hommes, chars et animaux viennent se pousser comme des lapins au terrier.

L'intérieur de la ville est aussi incolore que la campagne: aucune des boutiques, aucun des brillants étalages comme ceux de Canton, je passe la 2e enceinte, semblable à la première, et j'arrive dans un petit hôtel placé contre la légation française, dans la rue des légations, en pleine ville tartare, sans avoir rien vu qui ne ressemble à de simples faubourgs, à un gros village, si ce n'est les murs étonnants. Dès la première promenade dans Pékin, il semble qu'il n'y ait rien d'élevé ni même de grand ici que les murailles et aussi les distances. Rien dans le fond de l'immense boîte à saletés et Pékin semble une immense blague. On y grouille avec la vermine du pays comme au fond d'une colossale boîte à ordures. Dans certaines voies très larges la chaussée est surélevée à hauteur presque des toits; d'autres, et celles-là sont les plus terribles pour le patient voituré en char, étaient et sont encore à moitié dallées, c'est-à-dire parsemées de trous béants auxquels correspondent autant de cahots terribles.

Visité l'observatoire et ses énormes instruments de précision en bronze, construits autrefois par des Jésuites, et supportés par de magnifiques dragons ou serpents ailés, mi-partie sur la muraille qui entoure la ville tartare, côté est, et mi-partie à son pied en dedans de la ville, au milieu des mauvaises herbes.

Fais connaissance, à la légation, de M. Bourée, ministre, et de Mme Bourée, de M. de Semallé, premier secrétaire, et de M. Frandin, interprète. Amabilité commune à tous les membres de la légation sans exception.

Dîner chez le ministre de France, et le lendemain magnifique réception, chez lui, de tout le corps diplomatique de Pékin. Superbe et charmante soirée dans le beau et vaste local de la légation française qui, très étendue, comprend de nombreux pavillons des plus intéressants, grâce à la belle collection chinoise de M. Bourée qui en fait l'ornement, et surtout à la charmante manière de recevoir de Mme Bourée.

Visites le lendemain aux différentes légations, bien inférieures comme étendue et comme disposition à la légation française, si ce n'est cependant la légation anglaise dont l'étendue est immense.

Été visiter à poney (sur celui de M. de Semallé), seule manière pratique de se mouvoir dans Pékin, différents temples : celui de *Confucius,* le *Hall des lettrés,* la *grande Lamaserie* où se trouve, dans le pavillon principal, un boudha doré de 70 pieds. La Lamaserie en possède, dit-on, un vivant à l'engrais comme un cochon, mais il est rarement visible. Ces lamas sont connus pour leur cupidité, et il y paraît, car à chaque porte ils demandent une nouvelle offrande. Prévenu, je finis par les payer en coups de canne, ce qui, du reste, n'a pas l'air de les surprendre. On voit chez eux quelques richesses anciennes et rares, d'énormes vieux cloisonnés, etc.

Visité la *tour du Tambour* et celle de la *Cloche.* De vastes pavillons sont en outre placés sur les remparts mêmes et sont à cinq ou six étages de petites fenêtres sur les volets desquelles sont figurées en peinture des bouches de canon ; dans ces différents endroits se trouvaient, ou résidaient des soldats ; je ne m'en suis pas aperçu.

Dans l'enceinte des temples, tout autour des bâtiments, se trouvent de spacieux escaliers de marbre coupés de balustrades de la même matière, très simples et d'un dessin un peu lourd comme celui des meubles chinois ; on voit des toits, voire même des pavillons entiers de faïence ; et, chose qui est fréquemment reproduite dans la campagne aux environs de Pékin, une tortue colossale portant verticalement sur sa carapace une énorme plaque de marbre haute de 3 à 6 mètres, sur laquelle sont tracés je ne sais quels caractères chinois. Le temple de Confucius en contient un grand nombre, sur lesquelles sont gravés les préceptes du maître ; chacune de ces tablettes colossales, ainsi que les quatre qui sont au Hall des lettrés, est abritée d'un petit pavillon de faïence et contient en outre parfois des caractères extrêmement anciens, antérieurs à Confucius ; toutes sont faites d'un seul bloc de marbre. Aucun de ces monuments, aucun de ces détails, si ce n'est les pavillons élevés placés sur les murailles n'attire la vue dans Pékin, car tous ces temples sont clos.

Les choses les plus curieuses, temples, monuments, riches bibelots, brillantes étoffes, le palais même de l'empereur dont on ne voit que le mur d'enceinte et quelques toits jaunes, tout y est aussi soigneusement dissimulé, et ce n'est que guidé par quelque ancien résident qu'on découvre des merveilles au fond de cette mer de boue. A peine de loin en loin, dans Pékin, voit-on quelques façades de maisons enluminées ; on en voit même quelquefois, avec grand étonnement, de toutes dorées. Ces maisons ne sont comme toutes les autres que des huttes de boue. Certains emblèmes extérieurs, dont le sens m'échappe, indiquent seuls ce qui se vend dans la boutique quand c'en est une. Pékin, ramassis de baraques dont pas une n'a un étage, avec ses vieilles façades pourries, ses attributs pendus aux portes également pourris, ses mâts décolorés qui ne supportent plus rien, ses égouts éventrés et infects, ses raconteurs d'histoires ou diseurs de bonne aventure en pleine rue, ressemble à une immense foire qui se meurt, qui est morte même depuis longtemps ; elle n'a rien surtout ni d'une ville riche ni d'une ville commerciale. Cette ville a-t-elle jamais été mieux qu'elle n'est aujourd'hui? Il est, je crois, permis d'en douter. Chaque jour des marchands m'apportent des choses plus belles et plus chères à la légation.

Mon goût commence à se former sur les porcelaines, mais malheureusement les vieux vases ming qui sont les plus anciennes et les plus rares et d'un prix fou, sont aussi celles qui me tentent le plus. Je me réserve d'en acheter à meilleur marché à Paris, si j'en découvre jamais.

Été visiter aux environs de Pékin Wan-Shou-Shan et Yuen-Ming-Yuen, les deux palais d'Été, non sans m'être arrêté, chemin faisant, au temple où se trouve la grande cloche non suspendue, le Ca-chang, la seconde après celle de Moscou, me dit-on; c'est la deuxième qui m'est ainsi désignée pendant mon voyage; je crois toutefois celle-ci un peu moins grande que celle de Mengoon.

Le premier des deux palais, de style varié, mais absolument chinois, est placé sur une éminence isolée en avant des montagnes. Au pied de cette petite montagne surmontée par la maison de faïence dite de longévité, et du côté de Pékin qui s'aperçoit à l'horizon, dort un beau lac. C'est dans cet endroit que se trouvent réunis sans aucun ensemble des restes de pavillons de faïence, de bronze, de marbre; le fameux pont de marbre en dos de chameau dont l'arche unique, en se mirant dans le lac, forme un cercle parfait; une jolie tour de faïence, véritable bijou. Aux environs se trouve, sur une éminence moins élevée que la première, la célèbre pagode de marbre dont il ne reste plus aujourd'hui qu'une tour aux beaux bas-reliefs sculptés représentant la mer et les poissons, et qui est située près d'une belle source claire qui alimente le lac; de nombreuses ruines de marbre et d'importantes fondations au pied de la tour. A quelques milles en rivière, çà et là dans les montagnes élevées qui forment le fond du tableau, sont placés, d'une manière bien apparente, sur des crêtes qui semblent inaccessibles, mais dans un but simplement décoratif, de nombreux murs crénelés, qui vus du palais apparaissent comme autant de forteresses imprenables, destinées sans doute à donner à l'empereur une haute idée de sa puissance. Cette supercherie ne saurait tromper un Européen un seul instant.

Chacun des pavillons variés de Wan-Shou-Shan est ou était un bijou, quoique toujours assez lourd de forme ; mais l'ensemble n'y est pas, n'a jamais pu y être, et toutes ces merveilles groupées sans art, semées comme des tombes au milieu d'une nature toute chinoise, par conséquent désolée, ne sauraient, à mon sens, laisser un souvenir riant. Je suis accompagné, dans mon excursion, de mon premier compagnon de route M. Gall, ancien gendarme, et de M. Massicot, voyageur français dont la simple carte de visite s'est vendue jusqu'à cinq dollars à Pékin.

Ed. Massicot.
Ex-Gérant de la Mon Fx Potin, Paris

Globe Trotter 3, rue Cunin-Gridaine, Paris

Le premier de mes deux compagnons est porteur d'un marteau et d'un ciseau à froid, deux instruments qui ont travaillé ferme toute la journée. Voyageurs qui avez visité Wan-Shou-Shan et y avez vu deux boudhas en bois doré, apprenez qu'un d'eux a été décapité aujourd'hui malgré les imprécations de quelques Chinois présents, qui, au dire de l'ancien gendarme Gall, qui connaît le chinois, nous gratifiaient des épithètes d'œufs de tortue et autres non moins offensantes, paraît-il.

Difficultés avec nos hommes qui refusent de porter le trophée enveloppé dans un manteau. Nous opérons enfin une fuite comme pourraient le faire des criminels venant de couper une vraie tête en chair et en os.

A la porte nous retrouvons les deux magnifiques lions de bronze cent fois cités comme les plus beaux qui existent en Chine; « Un beau morceau, dit Massicot, je vais y fiche mon nom dessus. » Son couteau sort aussitôt de sa poche et à la place où l'artiste ou le fondeur eussent eu le droit de graver leur nom, se trouve imprimé le nom désormais célèbre de Massicot, connu déjà dans la haute épicerie parisienne.

Yuen-Ming-Yuen, situé à un mille ou deux de Wan-Shou-Shan, et où l'on n'entre que furtivement par la brèche du mur d'enceinte, fut construit au siècle dernier par les Jésuites dans le plus pur style Louis XV. De toute cette admirable rocaille, dont le marbre faisait une grande partie des frais, il ne reste plus aujourd'hui qu'un chaos de blocs, parfois d'un travail admirable, épars dans un beau parc, et une tour chinoise en faïence des plus coquettes, au pied atrocement mutilé, mais comme celle de Wan-Shou-Shan, trop sombre par suite de l'absence complète de blanc dans les couleurs et de la rareté des tons clairs.

Le plan de ce palais, le seul connu à Pékin sous le nom de palais d'Été, était, comme il est possible de s'en rendre compte, conçu suivant un large et magnifique plan et d'une exécution admirable. Il eût été à coup sûr intéressant de comparer cette exécution chinoise de notre élégante architecture du siècle dernier à ce qui en reste chez nous.

Il m'a semblé, je l'avoue, que nous n'avions rien d'aussi parfait en ce genre que ce que j'ai vu à Yuen-Ming-Yuen ; aussi ai-je rapporté tout ce que j'ai pu trouver de photographies de ce que, malheureusement, j'étais arrivé trop tard pour contempler.

Chez de nombreux esprits, soi-disant délicats, il est d'usage de se lamenter sur la barbarie des Anglais et des Français qui ont détruit les deux palais d'Été ; mais Yuen-Ming-Yuen était réparable. Une fois ce palais abandonné, ce sont les Chinois eux-mêmes qui, pour en voler, qui une pierre, qui une brique, contribuèrent bien plus que les alliés à l'état où il se trouve aujourd'hui. Quant au palais chinois, les murs étaient encore en grande partie debout quand j'y suis passé. L'orgueil chinois ne permit pas à l'empereur de rentrer dans une demeure souillée par la présence des barbares. Mais alors messieurs les Chinois ne devaient pas nous ménager, derrière des portes que nous ne devions pas être longs à enfoncer, le spectacle des cadavres mutilés de nos parlementaires. Je partage peu pour ma part cet apitoiement sur le sort de bibelots, si nombreux et si riches soient-ils, qui, après tout, n'ont pas tous été perdus pour tout le monde, et dont la vue même nous serait encore refusée aujourd'hui, comme celle de l'intérieur du palais de Pékin, si les choses se fussent passées autrement. Une indemnité en argent n'eût pas frappé le peuple de Pékin comme la vue du palais impérial souillé par notre présence et livré aux flammes.

Mgr de Laplace (lazariste), que j'ai, bien entendu, été voir au Petang, me disait que la grande majorité du peuple chinois se refusait à croire encore actuellement que les barbares étaient venus conquérir et y avaient laissé l'empereur sur son trône.

Dans ce pays tout de diplomatie et de mensonge, très étendu et sans communications, l'existence de toute nouvelle non officielle demande à être soulignée; celle de notre victoire ne l'aurait même pas été suffisamment, d'après d'anciens résidents de Pékin.

Le Petang, siège de la mission catholique, occupe une ancienne et vaste concession située dans la ville impériale, contre le palais. Les autorités chinoises, dit-on, se sont même plusieurs fois émues de ce que du Petang on ait une vue trop étendue sur les toits de faïence jaune du palais.

Mgr de Laplace me fait voir son musée d'histoire naturelle; il possède entre autres choses de belles outardes de Mongolie empaillées, un lion également empaillé (ce dernier animal fait grand effet sur les naturels qui en fabriquent tant en bronze, mais n'ont jamais vu la peau d'un seul), de beaux oiseaux, de superbes faisans à collerette blanche du pays, des hockis vivants, etc. Les missionnaires, me dit-il, n'ont pas encore eu à souffrir de la persécution religieuse qui sévit en France en ce moment; il a même connaissance de dépêches de Jules Simon et de Gambetta favorables aux missionnaires. Aucun Chinois converti ne peut actuellement devenir mandarin à cause des cérémonies païennes, mais l'influence de certains missionnaires français est devenue telle en certains endroits que les mandarins en prirent souvent ombrage. Le retrait de Mgr Déflesches entraîna celui du vice-roi de sa province.

Brillante réception de tout le corps diplomatique chez sir Robert Hart, qui a l'obligeance de me donner une lettre d'introduction pour son frère à Shang-Haï, ce dont, pressé par le temps, je n'ai pu profiter, non sans l'avoir bien regretté, car M. Hart m'aurait bien facilité les moyens d'aller profiter, à deux ou trois jours de marche, des belles chasses du pays.

Me rends à l'invitation à déjeuner qui m'a été faite sur grand papier rouge par mon principal marchand de bibelots dans son magasin même, repas infiniment long auquel nous nous rendons, Semallé et moi, avec un fort morceau de pain dans notre poche, précaution que je reconnus fort utile, les Chinois ne mangeant pas de pain.

Tous les arts chinois se trouvent représentés dans la pièce même où nous dînons, jusques et y compris l'art culinaire, celui qui exerça depuis des siècles et exerce le plus encore journellement le vieil esprit ingénieux et la patience des Chinois. J'avoue ne trouver à peu près aucun goût aux ailerons de requin ; mais tout le reste de ce repas bizarre, les trente-six manières d'arranger les différentes viandes, toujours coupées préalablement en petits morceaux (précaution indispensable pour qui mange avec deux petites baguettes dans de petites soucoupes), m'ont paru toutes nouvelles, très savantes sans doute, et fort réussies ; quelques plats, de l'avis unanime, étaient aussi délicieux que neufs pour nous. Je ne saisis au passage qu'un seul procédé : c'est l'emploi assez fréquent d'herbes marines dans la cuisine. Pendant tout le temps du repas, deux prestidigitateurs n'arrêtent pas de nous faire ou plutôt de se faire des tours ou des blagues, faisant mine de se faire réciproquement manquer leurs tours ou répétant avec démonstration le dernier tour du camarade. Ils font même à la fin semblant de se fâcher, l'un des deux ayant démontré la supercherie de son collègue, qui, au lieu d'escamoter un bocal de poissons rouges vivants, avait substitué aux poissons des piments rouges flottant dans l'eau. Notre amphitryon laisse toutefois ces artistes dans la cour. A-t-il peur qu'ils n'escamotent quelqu'un des jolis bibelots au milieu desquels nous nous trouvons ?

Nous ne manquons pas, bien entendu, de passer l'étalage en revue après le déjeuner, et de faire quelques achats importants.

Le marchand chinois, du reste, ne néglige rien pour tenter l'étranger amateur. Des bibelots de prix ont été souvent laissés par quelqu'un d'eux chez un résident pendant plusieurs années. Le premier ne cesse d'espérer qu'un jour ou l'autre l'étranger, habitué audit bibelot et ne pouvant se résigner à s'en séparer, finira par le lui acheter. Ce procédé lui réussit souvent. Je connais ici actuellement des résidents qui ne se décideront jamais à se séparer de certains dépôts. Nous prenons enfin congé, en nous conformant aux principes de la politesse chinoise, de nos hôtes qui semblent fort satisfaits de nous.

Comme me le fit remarquer du reste un Père de la mission, rien de plus facile en matière de politesse, de même que dans tout le reste, de se conformer aux usages de ce pays, tout à l'envers des coutumes européennes. Ici la place d'honneur est à gauche; il est impoli de se découvrir; et, chose plus caractéristique, quand un Chinois rencontre un ami ou même un parent, au lieu de lui tendre une main ouverte, il ferme soigneusement les deux mains, d'abord, puis les rapproche comme s'il sonnait la cloche, et le salue avec ses deux poings accolés; un Chinois se servira d'un rabot en le ramenant vers lui au lieu de le pousser; il place toujours les boutonnières à gauche, etc.

§ 7. — GRANDE MURAILLE

Reparti par la route du nord, celle des palais d'Été, entre lesquels je repasse, pour aller visiter la Grande Muraille.

En quittant Pékin et en longeant les grands murs noirs et tristes de la capitale, je me demande si cette excursion vaut la peine de se déranger. Mon voyage m'a bien démontré, en effet, que si la construction de la Grande Muraille était une niaiserie, c'était une mystification que d'aller la voir, après avoir piétiné toute une demi-journée sur les pierres roulantes de l'horrible passe de Nan-kao; et il faudrait n'avoir jamais vu de sa vie vallée resserrée pour ne pas trouver celle-ci absolument dépourvue d'intérêt et la laideur même.

Après avoir, sous une voûte quelque peu sculptée,

passé une première muraille qui barre la passe d'une crête à l'autre, j'arrive enfin au col, non sans avoir entrevu deux ou trois fois la muraille ni plus laide ni plus sèche d'aspect que le reste du pays. C'est là, en face d'une porte, que je m'arrête enfin au pied de la Grande Muraille que je suis heureux de rencontrer, toute laide qu'elle est. Ce mur sera, du moins pour moi, le dernier. Qu'il est donc beau de voir tant de pierres taillées et alignées quand on vient d'en voir tant de roulantes!

Le Chinois qui présida à la construction du grand mur semble avoir pris à tâche de réaliser en longueur ce que les constructeurs de la tour de Babel essayèrent en vain en hauteur; il poursuivit ce but, non sans succès: le mur, tout le long de son parcours, domine la plaine extérieure qui, à cette heure, semble rouler à ses pieds à une distance de 2 lieues, grâce aux contreforts, comme un immense fleuve lumineux entre les montagnes sombres où se trouve le grand mur, et les belles montagnes irisées par le soleil qui bornent l'horizon, comme si les pièces de cette époque avaient pu porter à deux lieues.

Ici encore, voyant cette grande nature scintillante, l'envie d'aller plus loin vient me tourmenter; mais qui a vu précédemment le moindre coin de la Chine, et c'est toujours le cas, à la Grande Muraille, ne se laisse pas prendre à cette belle et tentante vision. Reflets menteurs, poussière et saleté, encore des murs, et des pierres, se dit-on, et on retourne promptement à Nan-kao, ce que je fis.

Tant en revenant qu'en allant je ne fais que croiser ou longer et dépasser à grand'peine des convois d'animaux, moutons, poneys ou chameaux, qui me tiennent continuellement hors de l'étroit sentier. Une file interminable de plus de mille chameaux mogols, trapus, coiffés comme leurs maîtres, par la nature, d'un épais bonnet fourré; au cou et aux cuisses également fourrés, transportent chacun deux énormes pierres taillées. Encore un mur qui passe; pour éviter celui-ci il me faut me cahoter plus que jamais au milieu des pierres roulantes et des pentes, pour terminer enfin la plus désagréable journée de ma vie à l'auberge de Nan-kao.

13 novembre. — Je me rends au tombeau des Mings, tout en longeant de loin les montagnes, et aussi les hauts remparts de boue, au pied rongé par les eaux, de je ne sais quelle ville chinoise, que je n'ai pas, Dieu merci! à traverser.

Les deux premiers empereurs Ming sont enterrés près de Nang-kin, leur capitale, et le dernier des 14 suivants s'étant suicidé, les Chinois le jugèrent indigne d'aller rejoindre ses ancêtres.

Les treize tombeaux occupent le pourtour d'un immense cirque ménagé par la nature, dans les montagnes plus hautes et plus escarpées que jamais, et mesurant plus d'un mille de diamètre. Chacun d'eux, simple mais vaste pavillon flanqué d'autres moins importants, est placé au milieu d'un jardin ou d'un petit parc où croissent des arbres séculaires.

La plaine, tout alentour, est nue et paraît absolument déserte. En face, au milieu d'un plateau aride et bas, mais étendu, se trouve le large chemin par où on arrive ici de Pékin; il est bordé d'animaux de pierre, tous d'un seul bloc et uniformément gros comme des éléphants, et d'une dizaine de mandarins civils ou militaires également en pierre, et de la même grosseur que les animaux.

Du bord du plateau, avant de s'engager sur la voie dallée qui traversant le cirque dans toute sa largeur, conduit à l'un des tombeaux, la vue embrasse les treize tombeaux et dans son ensemble toute cette scène saisissante et grandiose, digne des puissants empereurs, les anciens maîtres de 300 millions de sujets. Le ciel gris, les horizons bleu foncé ou plombés du pays ajoutent à cette scène un caractère froid, sauvage et imposant.

En galopant le soir vers Pékin, toujours pour rentrer avant la fermeture des portes, je traverse plusieurs villages dans lesquels on voit des gens armés d'une grande fourchette en bois dont ils se servent même au besoin comme d'une cuiller, et occupés à disputer aux cochons les moindres impuretés comme les plus grosses dans un but que j'ignore. Le sentiment de répulsion pour la malpropreté paraît absolument inconnu des Chinois; les villages dans leur ensemble ne sont toutefois pas plus sales, ils le sont moins même que les villages de certaines provinces de France, de la Lorraine entre autres.

14. — Le ministre part pour Tien-Tsin avec M. de Semallé, et le consul de Tien-Tsin, M. Dillon, que je trouvai à la légation à mon arrivée, l'accompagne.

15. — Promenade à la Queue-du-Chien, sorte de marché aux bibelots situé dans un des recoins les plus retirés et les plus repoussants de la ville chinoise. Dans les petites cases ouvertes sur une cour infecte, des marchands sordides me tirent un à un, des chiffons crasseux qui les enveloppent, quelques jolis bibelots, voire même de magnifiques pièces d'étoffe très fraîches venues du mont-de-piété ou de quelque don de l'empereur. Au fond, dans l'un des détours de cette cour, se fabriquent des cloisonnés.

Je parviens, chance rare paraît-il aujourd'hui, à visiter le temple du Ciel dont plusieurs anciens résidents n'ont pas encore réussi à franchir le seuil ; on veut bien faire bon accueil à mes piastres que je passe sous la première porte, et pourvu que je dépose une nouvelle piastre à chaque nouvelle porte, on me fait passer par chacune d'elles.

Le temple du Ciel exista de tout temps, avant le bouddhisme, avant Confucius, et de tout temps fut visité une fois par an par l'empereur, devant lequel s'opère le sacrifice d'un taureau, sacrifice auquel il se prépare lui-même par un jeûne rigoureux, usage extrêmement ancien qui ne se rattache à aucune religion connue. Le temple occupe un carré de plus d'un mille de côté ; on y voit quantité de beaux arbres séculaires. Dans ce parc à double enceinte se trouvent plusieurs pavillons importants, plusieurs temples peut-on dire.

Dans une des enceintes intérieures se trouve l'autel où s'opère le sacrifice, plate-forme nue et ronde en marbre, de 100 pieds de diamètre, élevée de 27 marches, avec de petites balustrades également en marbre. Tout autour se trouvent de petits arcs de triomphes ailés, régulièrement espacés, aux ailes et aux toits de faïence émaillés de bleu.

Le passage de l'empereur transporté dans une chaise par trente-deux hommes, de son palais au temple du Ciel, suivi de tous ses mandarins en grand costume et de riches présents, lesquels sont du reste brûlés avec le taureau, constitue le plus curieux et le plus riche cortège que l'on puisse voir à Pékin. Cette cérémonie a lieu au solstice d'hiver pour attirer les bénédictions du ciel sur la terre. Une autre cérémonie analogue a lieu au solstice d'été spécialement pour la moisson. Le sacrifice se fait alors sur une autre plate-forme, un peu moins vaste, mais semblable à la première, et sur laquelle se trouve un pavillon haut de 90 pieds, également rond, couvert de trois toits bleus superposés.

Près de ce dernier autel, les nombreux prêtres qui m'accompagnent insistent beaucoup pour me faire pencher et regarder dans le fond d'un puits très profond situé au bout d'une longue galerie; mais comme je suis absolument seul au milieu de ces gaillards-là, que pas mal de portes et plusieurs murs me séparent de tout autre être humain, j'avoue avoir plutôt surveillé mes ciceroni du coin de l'œil qu'étudié le fond de ce puits. Ces temples, qui n'appartiennent à aucune religion connue, n'ont rien de commun avec aucune pagode. Sans doute en est-il de même du temple de l'Agriculture, placé en face de celui-ci.

Il pleut aujourd'hui, avant-veille de mon départ; eh bien! franchement, il faut voir Pékin par la pluie! quiconque n'est pas venu ici par la pluie, ne peut pas avoir idée d'hommes vivant et grouillant dans une pareille saleté. O noires murailles! que renfermez-vous en dehors de vos égouts éventrés dans lesquels on est si souvent exposé à tomber? Quelle fange dans le fond de la haute et noire marmite! et quelles odeurs s'en échappent!

Mes bibelots emballés avec soin par mes marchands chinois extrêmement adroits à ce métier (je m'en rendis compte depuis en déballant le tout à Paris), muni de provisions de bouche que je dois à l'obligeance de Mme Flandrin, je quitte Pékin en char pour gagner le Peï-ho à Tingchow, et de là redescendre la rivière jusqu'à Tien-Tsin en bateau.

Hélas! la campagne est certainement moins puante que Pékin lui-même; mais quels chemins encore! La première partie de mon voyage, qui n'est certainement pas la plus agréable, n'a pas duré moins de neuf heures pour un trajet qui devait me prendre la moitié de ce temps seulement.

En traversant une mare profonde, je vois la charrette aux bagages qui me précède s'arrêter et piquer en avant; force à la mienne, dans laquelle je reste prisonnier, de s'arrêter derrière au milieu de la même mare. Renseignements pris, la mule qui tire la première voiture, embourbée et épuisée, vient de prendre le parti de se coucher au fond de la mare d'où sa tête émerge seule.

La boue n'effraye guère un Chinois, et mes voituriers sont bien vite dans l'eau, les jambes jusqu'aux cuisses, et les bras jusqu'aux épaules, pour dételer la mule; ils la sortent ensuite de l'eau pour la regarnir, mais l'animal une fois dehors refuse absolument d'y rentrer. Heureusement que la nature, chargée seule ici de l'entretien des routes et qui fait, dit-on, toujours bien les choses, a du moins sagement placé ses plus abominables cloaques, fondrières et trous, juste au milieu des villages (en plein champ on passerait à côté, ce qui serait trop commode); les habitants finissent par arriver au secours de mes hommes, redressent la charrette qui, basculée, a maintenant tout son arrière submergé avec mes dernières caisses que je crois justement reconnaître pour celles des étoffes ; on dégage non sans peine la charrette au moyen de cordes après lesquelles une bonne partie du village est attelée, et je puis enfin au bout d'une heure me remettre en route. J'arrive à Tingchow, à huit heures du soir, par une nuit noire, mais mon Chinois est un rude serviteur, et m'a bientôt fait à bord mon lit et mon dîner.

Je me réveille le lendemain au jour en pleine campagne et arrive le jour suivant à Tien-Tsin où je retrouve cette fois le beau Consulat français, un joli hôtel construit sur nos plans par le gouvernement chinois, après les massacres de nos compatriotes, occupé par le ministre M. Bourée, le consul et Mme Dillon les maîtres de la maison, et M. de Semallé. Ces messieurs sont en conférence journalière avec Li-Hung-Chang.

18. — Au cœur de la ville même de Tien-Tsin, juste au bord extérieur du coude à angle droit qu'y fait le Peï-ho, les ruines de notre ancienne église catholique se dressent comme du milieu même du fleuve. Les restes de la vieille église sont entourés de tombes, presque uniquement fréquentées aujourd'hui par les serpents et les lézards. C'est là qu'habitaient et que furent massacrés nos missionnaires, notre consul et sa femme, et les sœurs de charité. Je ne manquai pas d'aller faire un pèlerinage à ce champ de martyrs ; aucun nom n'existe sur les tombes à cause de la difficulté d'établir l'identité des victimes qui y reçurent la sépulture quelque temps après les massacres.

Les Chinois durent renoncer dernièrement à leur projet de rentrer en possession de ce terrain pour y construire un fort qu'ils ont placé un peu plus haut sur la rive gauche.

19. — Première journée de chasse à courre de l'année, passée à galoper, sur un excellent terrain plat comme la main, après les lièvres de la plaine.

Les chasseurs sont montés sur les excellents et durs petits poneys mongols qui, l'autre jour, firent les frais des courses de Tien-Tsin. Nous n'eûmes qu'à traverser le Peï-ho pour les enjamber et entrer de suite en chasse. Ceux de ces poneys qui n'appartenaient pas aux sportsmen de l'endroit et qui avaient montré quelques qualités se sont retrouvés bientôt au bout de quelques jours à peine dans leurs écuries, après les courses.

Nous prenons à peu près la moitié des lièvres lancés. En fait de racontars, on parle fort en ce moment, ici et à Pékin, des derniers événements de Corée, du procédé enployé par les Chinois pour s'emparer d'un prince, chef de la révolte, qui amena le conflit. Invité à dîner à bord d'une canonnière chinoise, le bateau, qui était sous vapeur, se met en route pendant le dîner et le prince est actuellement interné en Chine près d'ici. Toutes ces affaires de Corée sont, du reste, réglées actuellement par une indemnité de quelques millions concédée aux Japonais qui ont droit d'occupation jusqu'au paiement intégral.

L'empereur de Chine actuel ne serait pas, d'après certains censeurs, l'héritier légitime du trône. Le prince Kong lui-même serait l'auteur de cette substitution, il aurait spolié son propre fils dans le but de se maintenir au pouvoir. A la suite de cette déclaration parue dans la *Gazette de Pékin*, plusieurs individus seraient partis à la recherche de prétendus témoins et n'auraient pas reparu.

Intéressante conversation avec M. Mignard, chez qui je suis de nouveau gracieusement invité à aller prendre tous mes repas. Li-Hung-Chan, qui est, paraît-il, un Chinois de valeur et travailleur, quoique assez folichon à ses heures, cherche en quelque sorte à souffler la science aux Européens engagés par lui, et espère visiblement pouvoir se passer un jour des marins, ingénieurs et militaires actuellement à sa solde. Les mandarins qui l'entourent cherchent également à glaner auprès des Européens pour se montrer ensuite au maître parés des plumes du paon. Ces derniers sont toujours, bien entendu, démasqués ; le manège ne laisse pas que de distraire parfois les malheureux Européens perdus dans ce vilain pays de Tien-Tsin.

Je laisse bientôt le ministre à ses dîners et conférences sur le Tonkin avec Li-Hung-Chan, et je repars sur le *Pan-tah*, de la Compagnie chinoise, pour Shang-Haï. Le *Pan-tah* échoue trois ou quatre fois dans le Peï-ho, et une dernière fois à la barre, sur laquelle nous avons du moins la chance de ne pas poser plus de 24 heures.

Nous renouvelons à Chifu, comme en allant, notre provision d'huîtres fraîches, et le surlendemain matin, bien qu'on puisse encore se dire en pleine mer, nous naviguons déjà dans les eaux jaunâtres du Yang-tse-kiang.

Deux jours après, je m'embarque à bord du *Tokio*, de la Compagnie japonaise, pour le Japon.

CHAPITRE VI

JAPON

8 décembre. — De la mer, dès qu'on entrevoit les côtes de l'île Kiusiu, le charme du Japon commence à se faire sentir. Ce sont tout d'abord de jolies petites îles ombragées comme celles de Singapour, surtout celle de Papemberg, qui rappelle cependant un triste souvenir, puisque c'est du sommet de cette jolie petite montagne pointue et verte qui s'élève au milieu de la mer que furent précipités autrefois dans les flots, vers 1640, nombre de chrétiens.

Notre steamer s'engage ensuite dans la passe de Nangasaki. Ici nous entrons décidément en montagne, et tant dans cette jolie gorge que dans la rade, si vaste et si coquette à la fois, où elle donne accès, on se croirait bien plutôt sur quelque lac élevé, en montagne ; et si une frégate de guerre allemande ne faisait sécher ses voiles à côté de nous, on oublierait bien vite que le bateau baigne dans l'eau salée. Je ne puis assez regarder cette coquette nature si amusante à détailler. Le vilain voile gris chinois est enfin déchiré. Je descends à terre et les détails de la ville, qu'ils soient fournis par les gens eux-mêmes, toujours gais et propres, ou par leurs petites demeures de bois si avenantes, ajoutent à l'enchantement que produit tout d'abord la nature sur le nouvel arrivé. Le cimetière lui-même est coquettement situé et ombragé, presque riant. Quelle différence avec les tombes grises et nues éparses dans la plaine poudreuse ou boueuse de Tien-Tsin !

La ville de Nangasaki s'étend sur plusieurs pentes et conséquemment sur plusieurs ravins ; il n'est pas un petit coin situé dans le haut de ces ravins, aux abords de la ville, dont les Japonais n'aient admirablement tiré parti.

Cette observation s'adresse, du reste, à tout le Japon.

9. — Entrons le lendemain dans la mer intérieure ou dans le plus beau des lacs, par la passe de Simonoseki, large d'un demi-mille à peine, et occupée en 1864 par des forces combinées françaises, anglaises et hollandaises, après une canonnade restée célèbre.

Notre navigation paisible d'aujourd'hui à travers les innombrables îlots de la mer intérieure, dans des eaux aussi calmes que le ciel est pur, est une jouissance qui pénètre doucement comme le gai soleil de janvier, qui vient discrètement, non plus nous incommoder, mais réchauffer les paresseux étendus sur le pont, dans les grandes chaises. Je ne crois pas qu'on puisse voir nulle part ailleurs se dérouler devant soi, pendant toute une journée, un panorama plus varié et plus coquet que celui qui nous est offert. Maintes fois nous croyons notre route fermée ; puis un nouveau décor non moins délicieux que le dernier, mais toujours nouveau, sort doucement de l'eau tranquille. Ce joli paysage, à mesure que le soleil s'abaisse à l'horizon, prend des tons changeants tellement légers que toutes les îles, grandes et petites, semblent finalement flotter sur l'eau dans laquelle elles se reflètent avec des tons plus estompés. Par suite de je ne sais quel phénomène de réfraction, de petites îles violettes, gris perle ou roses semblent même quitter la mer et s'élever au loin dans les airs au-dessus de la ligne d'horizon.

Nous en arrivons à trouver les formes d'animaux les plus bizarres et les plus lourds, tels que lions, tortues, etc., à toutes ces îles en baudruche.

La mer intérieure ne contient pas moins de trois mille îles.

10. — Stoppons à Kobé, le port de Kioto, pendant 48 heures.

J'ai retrouvé à bord un jeune officier de marine, le prince Lebanoff, qui, souffrant, part en congé. Sa frégate le *Duc d'Édimbourg,* actuellement dans les mers de Chine, se dépeuple, du reste, d'officiers tous les jours. Cette frégate, à bord de laquelle le grand-duc Constantin devait faire le tour du monde et qui fut armée dans ce but, partit tout d'abord de Cronstadt sans Son Altesse, qui ne rejoignit son bord que dans la Méditerranée. Le prince se rendit en Grèce auprès de la reine sa sœur, puis à Jaffa d'où il alla visiter la Terre Sainte, puis en Égypte, où il finit par dire au commandant : « Ne m'attendez plus, continuez. »

Arrivée dans les mers de Chine depuis plusieurs mois, la frégate vient de recevoir un pli qui prolonge son séjour d'un an ; aussi est-ce presque un sauve-qui-peut général chez les jeunes officiers de marine partis pour accompagner le prince.

Le prince Labanoff, qui connaît déjà toute cette partie du Japon, m'offre de me piloter pendant le temps de relâche à Kobé, dans Kioto et Osaka, ces trois villes étant reliées entre elles par un petit chemin de fer.

Le patron européen d'un petit hôtel de Kobé se fait fort de nous procurer pour le départ du train du soir un passeport auprès d'un des consuls présents, ce qui me permet de visiter tout de suite les environs de Kobé pittoresques et accidentés, la cascade de Kobé et le temple de la Lune situé le plus près possible de cet astre, tout en haut d'une montagne pointue au sommet de laquelle on arrive tout soufflant par une série interminable de gradins bordés sur tout leur parcours de petits drapeaux blancs hauts de 30 centimètres, piqués en terre, de mètre en mètre environ, et sur lesquels est tracé le même caractère ; résultat, me dit-on, d'une entreprise particulière pour obtenir la santé. Ce temple comporte à lui seul tout ce qui a été raconté de tous les temples japonais. Gros grelot sonore pour attirer l'attention du Dieu, la Lune je pense, prières qu'on achète en sortant et qui, jetées dans un brasero, montent ensuite en fumée vers le ciel, comme en Chine. D'autres qui, envoyés sous forme de boulettes de papier mâché, s'arrêtent dans leur ascension au plafond du temple ; il est vrai que celles-là durent un peu plus longtemps. Des bonzes toujours prêts à rire, comme les jeunes filles de la cascade située à deux bons milles environ d'ici, vendent, en outre, la bonne aventure.

La cascade de Kobé, point renommé entre mille comme

joli site, est, bien entendu, entourée de maisons de thé, ouvertes à tout promeneur, autant de nids à jeunes filles fraîches, gaies, très polies, toujours prêtes à rire de tout ce qu'elles ne comprennent pas, d'un geste, d'un simple regard ; elles examinent curieusement nos montres, nos bagues, etc. La mosumée a été cent fois décrite et est partout la même, et le Japon en est bondé.

Un temple situé aux portes mêmes de Kobé possède un petit poney blanc à l'œil vairon qui, comme le boudha de bois ou de bronze, passe sa vie entière dans un petit box sans jamais prendre plus d'exercice ; ses pieds qu'on ne fait jamais sont d'une longueur telle que le malheureux animal repose presque autant sur les boulets que sur les talons, car je crois que bientôt la sole du pied va se retrousser et apparaître verticale en avant. Son caractère irascible est bien excusable. Je comprends qu'on hésite à s'asseoir sur un dieu et à le talonner ; mais serait-ce lui manquer de respect que de le promener en main de temps en temps ? Dans ce temple, les offrandes au cheval ne sont pas moins nombreuses que celles faites aux bonzes, et l'un et les autres sont également bien nourris.

Il serait difficile, je crois, de décrire séparément Kioto, Osaka ou Tokio. Toutes les villes japonaises sont aussi jolies, aussi plaisantes l'une que l'autre ; çà et là tout autour d'elles se trouve maint joli petit village à visiter. Le cœur de la ville se compose toujours de grandes belles percées bordées des mêmes petites maisons de bois, basses, grandes ouvertes, propres. Le palais de l'empereur est situé dans une vaste enceinte au-dessus de laquelle on n'aperçoit que le sommet des toits des vastes chalets, indépendants les uns des autres, qui composent ledit palais de Kioto.

Ces chalets, faciles à visiter, à part quelques petits détails comme les poignées niellées ou ciselées des panneaux à coulisses, garnis du même papier japonais que ceux des maisons particulières, et quelques tentures également en papier, n'ont rien de remarquable que leurs dimensions qui doivent se prêter au besoin à de belles réceptions. On retrouve au palais la même absence de meubles, de bibelots, et la même propreté que partout ailleurs ; aucun meuble. A Kioto se trouvent toutefois quelques marchands connus que je vais visiter, ainsi que quelques très beaux temples.

En passant à Osaka où se trouve la grande fabrique de bronzes modernes, je m'arrête deux heures, le temps d'aller acheter une ou deux pièces, et nous rentrons bien vite à Kobé, où j'ai encore le temps de retourner chez Echigoya, le très célèbre marchand de japonaiseries qui ne me demande pas moins de 18.000 francs d'un petit cabinet de laque qui ne se vendrait pas plus de 1.500 francs à Paris.

Détourné par Labanoff de l'idée de me rendre par terre en djinrikisha (petite voiture légère, traînée par deux hommes et ne faisant pas moins de 60 à 70 kilomètres par jour, et souvent bien plus) de Kioto à Yokohama par le fameux Tokaïdo, ce qui me prendrait quelques jours dans un pays dont je ne connais pas la langue ; je renonce à ce projet auquel M. Massicot, qui l'avait réalisé, m'avait cependant fortement poussé à Pékin. Lobanoff et moi nous rentrons le soir à bord, où nous arrivons en même temps que sir Parkes, le ministre anglais, doyen du corps diplomatique à Tokio, celui-là même qui, lors de l'expédition anglo-française en Chine, fut fait et resta prisonnier des Chinois en compagnie, si je ne me trompe, du colonel français Chanoine ; l'un et l'autre passèrent, dit-on, de terribles moments. Ses deux filles l'accompagnent. Après avoir navigué pendant tout un jour et toute une nuit au pied du Fusuyama que je vais dorénavant apercevoir de partout au Japon, dans la nature, sur les éventails, les paravents, les broderies, les kimonos, etc., nous arrivons au jour à Yokohama où je trouve un excellent hôtel français. Une barque à voiles américaine, partie en même temps que nous de Kobé, est déjà dans le port.

14. — Yokohama est le point de relâche de l'immense rade de Tokio, ancienne Yedo, capitale actuelle de l'empereur. Cette charmante résidence est bien placée au centre d'excursions, aujourd'hui célèbres pour la plupart. Je m'empresse, bien entendu, de faire en djinrikisha le tour de la ville, le bord de la mer, les jolis petits ravins des environs, la promenade de Mississipi et quelques autres. Les Japonais qui me traînent m'arrêtent à maintes maisons de thé, où d'aimables et rieuses jeunes filles aux manières d'enfants s'emparent régulièrement de moi, m'entourent de prévenances et me servent des tasses d'un thé extrêmement léger. C'est ainsi que, de maison de thé en maison de thé, tiré par deux infatigables Japonais qui de dos ressemblent à deux gros hannetons, quand ils ne sont pas, à peu de chose près, absolument nus ; c'est ainsi, que les voyages se font au Japon. C'est ainsi encore que, quelques jours plus tard, je partais pour Nikko suivant le Tokaïdo, la grande route du Japon, que j'aurais pu prendre dès Kioto, mais dont le parcours ne doit cependant pas manquer, au bout de peu de temps, d'une certaine monotonie pour celui qui voyage seul.

Un chemin de fer conduit en moins d'une heure de Yokohama à Tokio, en suivant les bords de la baie. Je le prends dès le lendemain ; dans le wagon je me trouve avec M. le consul de France à Yokohama, qui me raconte qu'étant magistrat à Pondichéry, il commit un jour l'imprudence de faire enfermer des Indous de caste dans la même prison que des parias ; le lendemain on ne trouva plus que les cadavres des gens de caste qui s'étaient tous suicidés. Je me fais conduire à la légation, où je trouve du moins l'adresse du capitaine Bougouin, dernier vestige au Japon de notre ancienne mission militaire.

Le capitaine Bougouin, qui porte ici le titre d'attaché militaire, est le seul attaché européen au Japon. Pékin n'en possède qu'un seul qui est Russe. Bougouin a plutôt pour mission de renseigner au besoin nos amis les Japonais, qui adoptent en tout nos lois et nos règlements militaires, que de les surveiller.

Partant de la gare, je longe tout d'abord de longs murs entourant d'anciennes demeures de daïmios. Ces murs sont placés le long d'un immense terrain vague, le champ de manœuvres de Tokio. Dans un coin de ce champ on est en train de bâtir le cercle diplomatique destiné à remplacer avantageusement une petite maison japonaise située au centre de la ville, dans la plus grande pièce de laquelle on peut difficilement jouer au billard.

Puis traversant le cœur même de la ville de Tokio, je passe devant presque toutes les légations, constructions mi-partie japonaises, mi-partie européennes, ou bien européennes complètement. La légation anglaise, ici comme à Pékin, est de beaucoup la plus vaste; et je passe deux fois d'énormes remparts à base très large et solidement maçonnés, dont les arêtes ressemblent à l'avant d'un formidable cuirassé à éperon.

Dans les très larges fossés grouillent en permanence et en toute tranquillité, surtout dans le jour, des nuées de canards et d'oies sauvages.

J'arrive enfin chez le capitaine Bougouin, le plus aimable de nos compatriotes, l'Européen le plus universellement aimé à Tokio, du corps diplomatique, des Japonais dont il parle la langue, et en particulier des princes. Ces derniers ne sont pas moins bons vivants que le reste de leurs sujets, et ils invitent souvent Bougouin à leurs réunions intimes où il est apprécié comme mérite de l'être un aussi charmant garçon. Bougouin est l'homme du Japon, c'est mon compatriote, et à partir d'aujourd'hui, je ne lâche plus Bougouin; sa petite maison japonaise devient la mienne à Tokio, comme elle est celle de tous ses amis, celle de l'amiral Meyer, quand il vient ici passer la journée ou la nuit.

Déjeuné successivement à la légation anglaise, avec sir Parkes et ses deux filles, mes jeunes compagnons de voyage à bord du *Tokio;* — et à la légation française, chez le ministre, M. Tricou, avec son secrétaire, le comte de Viel-Castel et le frère de ce dernier, envoyé au Japon par le ministre des beaux-arts dans le but d'échanger des produits de l'art français contre quelques intéressants spécimens de l'art japonais. M. de Viel-Castel, qui trouva dès son arrivée au Japon toute facilité pour visiter plusieurs temples et s'en faire montrer les trésors, a déjà composé au ministre une fort belle collection de bibelots dans laquelle se trouvent des pièces remarquables.

17. — Muni de provisions de bouche, je pars en djinrikisha pour Nikko, visiter les temples, merveille du Japon et du monde.

Tiré par deux vigoureux gaillards, j'arrive le soir à Koga, non sans m'être arrêté, chemin faisant, à plus d'une douzaine de maisons de thé, et, bien qu'ayant parcouru environ 70 kilomètres, mes deux traîneurs s'emballent à l'arrivée et font une entrée dans le village à une allure désordonnée.

Comme je gagne ma chambre de papier, je croise dans un étroit passage une jeune femme absolument nue sortant du bain et allant chercher ses kimonos soigneusement déposés au sec, dans une pièce voisine; elle tient dans ses bras son enfant aussi nu qu'elle et qui crie encore, tant l'eau du baquet était chaude. La jeune femme, que je me garde bien de frôler, me rend très honnêtement et en souriant mon salut.

18. — Reparti à l'aube pour Tokujira. — Toujours des rizières. — Aujourd'hui, en passant dans la rue, je vois une jeune femme sous la verandah, qui se débarrasse d'un geste de son obi, ou grande ceinture japonaise, fait glisser d'un mouvement d'épaule le long de son corps ses kimonos qu'elle laisse à terre, et une fois dévêtue me tourne le dos et disparaît avec son enfant dans les bras, toujours sans doute pour aller se baigner; la dame reviendra tout à l'heure se revêtir au même endroit. En arrivant à mon hôtel, un jeune enfant de 4 à 6 ans, auquel on a glissé son petit frère dans le dos, suivant la mode du pays, manque de faire passer ce dernier par-dessus sa tête en me faisant un beau salut.

Le soir en me promenant après le dîner, ma flânerie me conduit devant la salle de bain public du village : ici, hommes et femmes, jeunes et vieux, dans le costume d'Adam, sont assis pêle-mêle ; et, plus malins que nous qui n'avons par encore trouvé le moyen de chauffer et de rendre confortable la place publique en hiver, ils se tiennent accroupis dans leur baquet ou à côté. C'est ici que les villageois viennent faire salon, devisent et rient toute la soirée. C'est du reste le seul endroit où il fasse chaud le soir en cette saison, car je compte pour peu les braseros installés dans les maisons, au centre d'un trou carré pratiqué dans le plancher, sur le bord duquel on s'assied, mais d'où on ne peut guère se chauffer que les mains ou les pieds, et difficilement les deux à la fois.

Le Tokaïdo, depuis hier, prend un caractère particulier, encaissé qu'il est entre deux talus élevés et magnifiquement couronnés par une rangée non interrompue de cryptomérias, sorte de cèdres du pays au tronc contourné, qui ombragent la route jusqu'à Nikko où ces arbres forment de sombres petites forêts au milieu desquelles se trouvent les beaux temples.

La route commence à monter sensiblement, et mes traîneurs prennent le pas de temps en temps, ce qui me permet de mettre pied à terre et de me dégourdir les jambes. Étant entré en pays de montagnes à Koga, je longe dans tous les villages que je traverse un joli ruisseau d'eau vive et claire qui tient le milieu de la route.

C'est au bout d'une longue rue semblable que j'arrive enfin à l'hôtel de Nikko.

Un joli pont léger et cintré, laqué en rouge, est jeté sur le torrent situé au haut de Nikko ; il est destiné à donner accès dans le bois sacré, mais ce pont n'est pas livré au public; un autre à côté est libre.

TEMPLES DE NIKKO

Le pont passé, je suis dans le fameux bois où les troncs centenaires soutiennent, grâce à leurs vigoureuses ramifications, et à une hauteur de près de cent pieds, un épais tapis de velours vert en parfait état comme tout ce qui se trouve ici. C'est à l'ombre de cette riche couverture naturelle, au pied et au milieu des beaux troncs suffisamment espacés, que sont déposés et étagés sur le flanc de la montagne les grands coffrets laqués à couverture noire et légère, richement rehaussés de coins de bronze doré, ciselés aux armes des taïcouns. On y arrive par de larges avenues fraîches et encaissées quelquefois entre les parois maçonnées, travail respecté des puissantes racines des cryptomérias.

Autour et dans l'intérieur des temples, dont un seul comprend quantité de pavillons indépendants, se trouvent tant d'admirables détails qu'ici moins que jamais je n'essaierai une description. Ces détails, parfois extrêmement riches, sont autant de chefs-d'œuvre de l'art japonais, ennemi avant tout, comme chacun a pu en juger en France, ne fût-ce que par un simple bibelot, du lourd et de la surcharge.

Chacun de ces pavillons semble d'abord extérieurement la simplicité même, et cependant quel temps on emploie rien qu'à en faire le tour!

Pas un qui ne demande à être examiné de près, visité, fouillé comme un bijou rare et merveilleux.

Parmi les temples de Nikko il en est deux principaux ; l'un boudhiste, l'autre sinthoïste. Ces deux temples, également beaux, ne diffèrent guère qu'en un seul point : au boudha, au dieu de la pluie et à celui du beau temps qu'on voit dans l'un est substitué, dans l'autre, un simple miroir de métal placé entre deux flots de banderoles de papiers de couleur. Le sinthoïsme, la vieille religion du Japon, bien antérieure au boudhisme, est celle qui nous enseigne que le Mikado descend du ciel, et la seule reconnue aujourd'hui par l'État.

Quelle que soit la divinité à laquelle le temple est dédié, c'est aux manières délicates, au courage, à la vraie noblesse en un mot, mise en pratique journalière par les taïcouns et leur daïmios, que les Japonais adressent leurs adorations. C'est à l'ombre de ces mêmes cryptomérias centenaires, c'est sur ces planchers laqués et immaculés, c'est dans l'intérieur de ces merveilleux spécimens du travail humain, les plus soignés, les plus riches et les plus délicats qui soient jamais sortis de la main des hommes ; c'est dans ces mêmes temples que ces nobles japonais, dont la fierté et la délicatesse nous confondent, venaient encore se prosterner il y a vingt ans. Ils furent de tous temps les hommes les plus raffinés du monde dans leurs manières, leur mise, et surtout sur le point d'honneur. Notre chevalerie européenne ne fut jamais que grossière en comparaison de la chevalerie japonaise. Nulle part le cœur humain ne s'éleva aussi haut qu'ici. Un daïmio ou un simple samouraï était-il insulté ? il se reconnaissait indigne de vivre et n'hésitait pas à se donner la mort, dédaignant de se venger lui-même et laissant noblement à l'homme assez mal appris pour insulter un noble Japonais le soin de se faire lui-même justice; ce à quoi, en vrai chevalier japonais, celui-ci ne manquait jamais et se tuait à son tour.

Heureux qui connut l'ancien Japon ! Celui-là vit ce qui exista de plus gracieux, de plus civilisé, de plus noble au monde, et cela ne se reverra jamais.

La civilisation européenne qui eût dû s'arrêter ici, touchée, désarmée à la vue de cet aimable peuple, et qui eût dû s'enfuir honteusement, étouffa ces sentiments élevés, débarqua avec ses engins, sema la discorde politique, jusqu'alors inconnue, nivela le Japon, rabaissa les hommes et les sentiments à son niveau, tarit sur tant de mignonnes bouches le rire japonais, rudoya la grâce, revêtit de ses costumes grossiers et ridicules des hommes jadis si raffinés, tua l'art qui ne travaillait pas encore pour de l'argent ni pour l'exportation, et apprit aux artistes à bâcler leur ouvrage.

Ce peuple aimable aimait à rire ; nous essayâmes de lui apprendre à rire des autres pour mieux rire de lui ensuite. Sous prétexte de lui apprendre à gagner de l'argent nous lui volâmes le sien et menâmes finalement un État prospère pendant des siècles, digne non seulement de notre intérêt mais de notre admiration, aux portes de la banqueroute où il se trouve encore sans doute actuellement.

En ce lieu on sent l'inanité des grands mots écrits sur les étendards de notre civilisation. Les beaux sentiments des daïmios viennent vous hanter, et on se défend mal d'un certain mépris pour les barbares d'Occident que l'on se prend à regretter de voir les plus forts.

L'architecture japonaise étant uniquement en bois, il n'est pas étonnant que les Japonais si habiles aient cherché depuis longtemps à revêtir leur merveilleux travail d'un ciment artificiel inaltérable. Ils sont arrivés sous ce rapport à une perfection merveilleuse.

Il n'y a au monde qu'un seul pays où l'on fabrique le laque, c'est le Japon. La laque de Pékin, semblable à de la cire à cacheter, est un simple produit de fantaisie, tandis que la laque du Japon atteint la dureté de la pierre. Les couches de laque atteignent parfois, tant ici qu'aux beaux temples de Sebah à Tokio, plus anciens encore que ceux de Nikko, l'épaisseur d'un demi-centimètre et traversent les siècles sans altération. La vieille laque, dit-on, était supérieure à la moderne, aussi se vend-elle beaucoup plus cher. Mais comment la reconnaître? A ce sujet on raconte ici un fait positif et concluant : le *Nil*, bateau des Messageries, rapportait les laques anciennes et modernes que le Japon avait envoyées à l'Exposition de Vienne; le bateau coula sur les côtes japonaises. Deux ans après environ, on eut l'idée d'aller rechercher au fond de la mer ce qu'on pourrait rapporter de la cargaison du *Nil*. La laque moderne était réduite en pâte, tandis que la laque ancienne n'était aucunement altérée; plusieurs de ces pièces se trouvent encore actuellement exposées au musée de Tokio.

Certaines personnes expliquent ce fait en disant qu'autrefois, à l'époque où les Japonais, travaillant non pour de l'argent mais pour leurs seigneurs, étaient très patients, ils laissaient sécher plus longtemps les différentes couches de laque; d'autres disent que l'on a aujourd'hui des moyens artificiels de sécher et que la laque se bonifie tout simplement en vieillissant comme le vin. Je me garderai, bien entendu, de donner mon avis sur ce sujet. Je me garderai même d'acheter le plus petit morceau de laque, dans l'impossibilité où je me trouve décidément de reconnaître le vieux moderne du vieux ancien, ou seulement le beau de l'ordinaire une fois qu'il a atteint un certain degré de finesse.

M. Reynaud, correspondant du Bon-Marché à Yokohama, et homme fort aimable et fort complaisant, est peut-être le seul Européen en état de faire cette différence.

22. — Parti à pied de Nikko pour une des plus belles excursions connues jusqu'ici au Japon : le grand lac et la cascade de Kagou-Notaki.

Après avoir longé le ravin de Nikko, bordé en un certain endroit d'un millier de petits boudhas, et après avoir marché deux heures en plaine ou à peu près, j'arrive enfin à une gorge rocheuse, humide et noire, aux parois de laquelle sont accrochées, comme des sangsues, d'innombrables stalactites de glace. Je la suis ; puis, passant le torrent dont les eaux sont d'un bleu foncé magnifique, j'entreprends l'ascension d'une sorte de presqu'île élevée, resserrée entre les montagnes à pic dont elle n'est séparée que par deux torrents étroits, celui que je viens de suivre et un autre qui vient mêler ses eaux aux siennes juste à cet endroit ; et je franchis, sur un étroit sentier entre deux précipices, l'isthme qui relie la presqu'île aux montagnes (les terrains volcaniques ont de ces bizarreries) ; j'arrive au bout de la rampe d'où, en me retournant, je découvre deux magnifiques cascades encaissées et sombres, celle de Hamma-Notaki et celle de Hodo-

Notaki. Après une heure et demie d'une montée très pénible, j'arrive enfin par un sentier boisé au lac dont les bords dénudés en cette saison sont certainement ce que j'ai vu de moins joli depuis mon départ de Nikko; je passe mon temps à me refroidir dans une maison de thé auprès d'un brasero, malgré les efforts de jeunes mosumés qui sortent à regret de leurs kimonos des bras rouges, sur lesquels on râperait du sucre; elles activent inutilement le feu au moyen de petits éventails. Je gagne ensuite la cascade de Kagou-Notaki, à quelques centaines de mètres du lac, dans une immense crevasse située à mes pieds, au milieu du bois, et dont le sommet seul est accessible; on peut la voir seulement d'un petit observatoire ménagé à cet effet quelques mètres en dessous auquel on descend par un sentier de chèvre, c'est, je crois, la plus belle chute que j'aie jamais vue; elle tombe d'une hauteur de trois cent cinquante pieds dans un véritable gouffre bien encaissé et bien noir, l'effet en est saisissant. La poussière d'eau a formé, sur le parcours même de la cascade, des blocs de glace verdâtre du plus bel effet.

Camélias assez rares en ces montagnes, où ils ne sont, du reste, pas encore fleuris.

24. — Excursion à quelques milles dans un pays moins bouleversé que celui d'avant-hier. Une autre cascade large, semblable à une immense chevelure d'argent tombant en désordre sur d'opulentes épaules et tout à fait riante au milieu de la verdure, celle de Kirifuri-Notaki.

25. — Abandonnant Nikko, mon hôte et ma table couverte de fleurs par ce dernier à l'occasion de Christmas, je prends une traverse, la route de Niregi-Nibu, qui me remet le soir comme l'autre route à Koga, et je retourne en deux jours à Tokio.

28. — Entré au théâtre japonais. Grande salle bien disposée. Comédie fantastique avec costumes du vieux Japon, et accompagnement de génies et de tamtams; décors primitifs bien entendu, comme les sièges des spectateurs.

Dans ce théâtre les acteurs appartiennent indistinctement au sexe masculin, il en est d'autres où les artistes sont tous, au contraire, exclusivement des femmes.

Visité les beaux temples de Sebah qui, un peu trop vieux, commencent à se détériorer. Ces temples, d'un travail admirable, sont fort bien situés, juste dans une des belles promenades publiques de Tokio.

Promenade le lendemain au temple de Ouyeno, situé dans un faubourg très éloigné du centre de la ville. Celui-ci est un vaste hall, d'autant plus fréquenté qu'il est situé au milieu d'un véritable marché permanent, et que les marchands envahissent le temple. Entre autres choses à voir aux abords de ce temple, il existe en ce moment une curieuse exposition de chrysanthèmes.

Cette fleur fut cultivée de tout temps au Japon avec grand soin : les armes du Mikado sont un chrysanthème; le moindre meuble de son palais en est marqué. Au lieu de faire des parterres ou des corbeilles, les exposants, en ingénieux Japonais qu'ils sont, composent des scènes avec des demoiselles de grandeur naturelle à tête de bois, et les fleurs exposées sont disposées de manière à figurer de brillants kimonos composant leur parure. Toutes sont admirablement réussies; quelques-unes de ces dames semblent même se promener avec le visiteur dans le jardin où elles sont exposées. Tir à l'arc, etc.

Dîné le 31 décembre au soir chez le baron de Schlippenback, attaché à la légation russe, où je me trouve avec la baronne et sa mère, la duchesse de Persigny, le prince Labanoff, Nilhoff, autre jeune officier échappé de la frégate *le Duc d'Édimbourg*, et quelques amis de la maison appartenant à différentes légations.

A minuit sonnant, on sert le punch russe, et la duchesse fait don à chacun de nous d'un bibelot japonais, souvenir du 1er janvier 1883.

J'obtiens de M. Tricou l'autorisation de l'accompagner le 1er janvier dans le défilé qui doit avoir lieu au palais devant l'empereur. Le ministre de France entre couvert d'un manteau d'ordonnance de général de division à 6 galons et à trois étoiles, qui fait l'étonnement et l'admiration de ses collègues.

Dans une salle est réuni en peu de temps tout le corps diplomatique, y compris quelques dames anglaises, les seules, car les autres légations ne sont composées que de garçons. De jeunes princesses japonaises en grand costume de cour (c'est-à-dire les cheveux collés formant comme une sorte de fond noir rigide en forme de tête de cobra autour de leur mignonne figure et retombant dénoués dans le dos) viennent s'asseoir dans la salle où chacun attend : les jeunes femmes européennes s'approchent d'elles et viennent les saluer ; la conversation s'engage entre elles un moment, et je dois reconnaître qu'il s'en faut de beaucoup que la grâce soit ici représentée par nos Européennes.

Dans une salle de la grandeur d'un salon ordinaire de Paris, sans aucun gradin, meublée de cinq fauteuils en bois laqué noir recouverts de soie cerise et placés en cercle au milieu de la pièce, l'empereur se tient debout devant le fauteuil du milieu. Il est vêtu d'un uniforme européen noir brodé d'or, et tient à la main un képi.

Le costume européen ne lui va pas mieux qu'au reste de ses sujets : ses longs cheveux et sa barbe rare qu'il laisse pousser, sa figure terne, forment un ensemble peu imposant.

A sa droite se tiennent quelques fonctionnaires; à sa gauche, l'impératrice dans son immense pantalon de soie rouge, et plusieurs princesses, toutes portant la coiffure de cérémonie dont j'ai déjà parlé. Quelques-unes se mettent à rire en voyant passer leur ami Bougouin.

La revue des troupes a lieu deux jours plus tard. L'empereur arrive en voiture ; sir Parkes, venu à cheval, lui adresse quelques paroles et lui présente le corps diplomatique; après quoi l'empereur monte un poney sur lequel il s'écrase littéralement comme s'il portait sur son dos l'ancien taïcoun, la future constitution promise pour 1889 et tout le corps diplomatique. Il passe devant le front des troupes qui défilent ensuite devant lui sans grand ordre.

Présenté par Bougouin au baron de Rosen qui fait actuellement fonctions de ministre à la légation de Russie; — au baron de Zeidwitz, ministre d'Allemagne; — au chevalier Lanciarez, ministre d'Italie, tous garçons et fort aimables. Chacun de ces messieurs, ami de mon nouvel ami Bougouin, me traite moi-même presque en camarade, et je suis invité dans chacune des trois légations, successivement.

Dès le lendemain, je dîne avec les deux officiers russes au joli hôtel de la légation de Russie, lequel a un bien autre air que ceux des ministres et princes japonais à Tokio, dont les petites maisons passeraient inaperçues à Asnières, tant elles seraient semblables aux autres et peu importantes.

A la légation d'Italie, j'assiste à une séance d'ombres chinoises japonaises, dont le procédé ne diffère en rien des ombres chinoises françaises ; les sujets trop légers sont toutefois écartés, eu égard à la présence de quelques dames européennes.

A la légation d'Allemagne, le baron de Zeidwitz, officier de réserve au reiter dont il portait le brillant uniforme à la revue, veut bien se faire entendre au piano ; c'est assurément le plus fort pianiste que j'aie jamais entendu. Son étonnant talent est du reste fort connu.

Je passe quelques soirées dans les restaurants japonais, assis sur des nattes et servi à la japonaise, en compagnie de Bougouin et de deux officiers japonais de l'état-major, anciens élèves de Saint-Cyr. De gentilles geichas, quelquefois des enfants, qui après s'être prosternées devant nous jusqu'à la natte nous servent gaîment à dîner. De temps à autre l'une d'elles se lève, et nous raconte avec des poses et des gestes variés, mais toujours d'une grâce étonnante, des histoires, dont quelques-unes, paraît-il, feraient rougir un sapeur. Il est facile de s'en apercevoir rien qu'aux gestes parfois très significatifs de ces jeunes filles. A leur petit rire frais ou à leur parler enfantin se mêle le rire des vieilles ou d'autres jeunes filles, et le son de leurs guitares dont leurs amies les accompagnent avec des palettes d'ivoire.

Le repas fini, nous jouons aux petits jeux japonais

avec nos geichas ; entre autres, à celui du maire, du loup et du fusil, et nous finissons généralement par combler de joie nos petites amies en leur achetant des pantins ou tout autre joujou d'enfant, d'autres en les grisant complètement avec du saké.

Certaines geichas ont une grande réputation, mais il est bien rare que celles-ci consentent à venir à des repas où se trouvent des Européens, dans la peur que ces derniers ne portent la main sur elles. Le Japonais, qui ne peut se passer de femmes, aime fort à rire avec elles, mais y touche le moins possible. J'ai vu une jeune geicha s'enfuir épouvantée après avoir été embrassée ; nous ne la revîmes jamais. Le Japonais ne sait ce que c'est que d'embrasser. Le père et la mère se séparant pour la vie de leur enfant, me raconte-t-on ici, ne lui touchent même pas la main, et c'est avec un grand respect que des deux côtés on se fait d'interminables saluts jusqu'à terre avant de se quitter.

Ce peuple est arrivé à tant perfectionner sa nature, il atteint à un degré de politesse et de délicatesse si élevé, que beaucoup d'Européens ont grand'peine à le comprendre.

Parti de bonne heure avec Bougouin pour aller tirer des canards mandarins de l'autre côté de la baie de Tokio, en dehors des limites des traités.

La baie passée en bateau, nous arrivons facilement en djinrikisha, au bout d'un jour de marche, dans un village où un Japonais qui logea déjà mon compagnon l'année dernière nous permet d'installer chez lui nos lits et notre cuisinier. Chemin faisant nous avons déjà tué une douzaine de poules faisanes. Le lendemain et le surlendemain, chacun suivant une rive d'une petite rivière couverte, nous tirons canards et sarcelles, nous levons quelques faisans. Nous démontons en outre une énorme oie sauvage qui, encore très vigoureuse, reçoit à coups de bec l'excellente petite chienne épagneule de Bougouin au secours de laquelle nous arrivons bientôt. Chasse extrêmement fatigante sur les minces petits talus qui bordent les rizières où le pied manque si facilement, et sur les terribles tacos de bambous.

Revenus au bord de la baie, visite peu intéressante, du reste, au préfet de la province après avoir traversé dans une longue pièce de la préfecture une armée de scribes fort occupés.

Mettons deux jours en djinrikisha pour rentrer à Tokio en faisant le tour de la baie, une fort jolie promenade. Les magnifiques chaumes de paille de riz et de différentes autres herbes du pays sont admirables et ne constituent pas le moindre ornement des villages de ce côté.

Le hasard qui n'amena devant nos fusils que des poules faisanes, nous a fait tuer juste autant de canards mâles que de femelles : ce qui permet à Bougouin, à peine rentré à Tokio, de faire à ses amis japonais, notamment au ministre de qui nous tenions notre permission de chasse, un cadeau très prisé ici : une jolie tête de canard mandarin accompagnée de celle de sa cane. Inutile de dire, je pense, que nous n'avons pas rapporté la chair de ces rares animaux aquatiques qui me parût un manger spécialement délicat et passe, en effet, pour tel.

Été visiter, de Yokohama, le temple de Kamakura, le fameux Daïbouts et la délicieuse petite île d'Inochima, excursion classique aujourd'hui, tant elle a été de fois faite et racontée. Je me trouve, pour faire cette dernière excursion, en compagnie d'un jeune Français, M. Kraft, dont la présence m'est signalée en maint endroit depuis un an, et dont la signature, attestant des achats considérables, m'est exhibée par les principaux marchands tout le long de mon chemin.

Lui et moi nous grimpons jusque dans la tête du Daïbouts, colossal boudha en bronze situé sur un piédestal dans un joli petit site riant, près de la mer. Comme mon compagnon voyage avec un petit appareil portatif de photographie, nous nous faisons prendre par son Japonais, dressé à ce service, tous les deux dans les bras du Daïbouts, qui semble nous tenir l'un et l'autre embrassés comme des petits chiens; il en tiendrait facilement ainsi plus d'une douzaine comme nous.

A quelques milles du Daïbouts se trouve l'île Inochima, un bijou, s'il en fût, un rocher apporté au milieu des sables, auquel on se rend à pied sec à marée basse; une de ces surprises volcaniques comme celles que j'ai pu déjà mentionner, car la nature du sol d'Inochima ne se rattache à aucun terrain des environs. Cette étrange petite île est plus isolée encore que le Fusuyama; on se demande quelle puissance inconnue a amené ces fragments, dont un immense, là où ils sont.

Que faire dans l'île d'Inochima, sinon monter et descendre? Ainsi fîmes-nous, montant tout d'abord par de petites rues rocheuses assez resserrées et bordées de petites boutiques; nous passons, bien entendu, devant quelques temples, rasons le sommet de quelque gorge pittoresque où s'engouffre la mer à marée haute, et, bien qu'à pic, tapissée de camélias dont il ne serait pas aisé d'aller cueillir les quelques fleurs apparentes. Immenses camphriers, etc.

Nous descendons jusqu'à une petite grotte située du côté opposé de l'île, celui de la haute mer ; un Japonais, pour quelques pièces de monnaie, plonge et nous rapporte je ne sais quels coquillages vivants.

En redescendant par les jolies ruelles du village, j'achète à bon marché quantité de produits de l'industrie du pays, des riens que l'on pourrait appeler quintessence de l'art japonais, car il y a autant de différence entre chacun des 500 modèles d'épingles représentant à l'aide de quelques coquilles les insectes les plus variés, et tout ce qui se vend chez nous garni de coquillages, qu'entre une mouche légère et une grosse oie.

Un ou deux jours après, la duchesse de Persigny réunit dans un lunch magnifique, offert par elle dans un temple situé à une dizaine de milles de Yokohama, toute la colonie anglaise. Tous les équipages et tous les chevaux de selle de Yokohama sont dehors pour cette circonstance, ainsi que deux ou trois des nombreux poneys de selle de la baronne de Schlippenback, venus de Tokio pour cette partie et dont quelques-uns s'illustrèrent dernièrement aux courses de Shang-Haï.

Nous laissons à sa béatitude Boudha qui ne cessa de nous sourire tout le temps du lunch de l'air calme et tranquille qu'on lui connaît, pendant que le bonze complètement gris riait à se rouler par terre au moindre prétexte.

Je trouve le soir, en rentrant à Yokohama pour dîner, un mot du baron de Zeidwitz, qui a l'obligeance de m'inviter à me rendre de bonne heure le lendemain matin à

Tokio, pour une chasse aux canards chez le prince Koroda, invitation à laquelle je ne manquai pas de me rendre.

Tranquillement assis autour d'une table, à boire du sherry dans un petit pavillon du jardin, nous sommes bientôt appelés par la sonnerie électrique. Quelques canards quittant le beau lac situé dans le parc même et glissant au milieu des bambous se sont imprudemment aventurés dans de petits arroyos sans issue, et sont surveillés, à travers un très petit trou percé dans une planche, masquée elle-même par des bambous. Nous arrivons vite sans bruit, tenant par son long manche notre filet à papillons dans la main, et au moment où les canards sauvages, amenés au grain par quelques canards domestiques auxquels on a coupé les ailes, s'envolent, les malheureux oiseaux, pris dans nos filets, sont immédiatement ramenés à terre sans bruit, et pris. Si un d'eux parvient à nous échapper, un faucon vigilant et rapide l'a bientôt saisi dans ses serres, couché à terre et mis à nu son cœur avec son terrible bec.

Visité, en compagnie des officiers anglais de la frégate le *Curaçao*, la plus belle caserne de Tokio, étagée et installée à la française, avec quelques améliorations toutefois, notamment sous le rapport de la quantité d'air accordée à chaque homme.

Grand déjeuner chez le ministre de la guerre, le général Oyama; puis visite à l'arsenal très largement installé et dans un coin duquel se trouve un ravissant petit parc très accidenté et ombragé par de magnifiques arbres.

Le général Oyama, très fort, se blesse à la main en brisant une pièce de fer qui lui paraissait défectueuse, ce qui le fait beaucoup rire et beaucoup saigner.

Les Japonais, toujours ingénieux, n'ont voulu adopter servilement aucun fusil. Ils ont appliqué au chassepot un perfectionnement d'invention japonaise dont ils affirment merveille, mais qui est peu apprécié jusqu'ici des Européens.

Près de l'arsenal se trouve, située encore au milieu d'un vaste terrain, l'école militaire, que je visitai d'un bout à l'autre; j'y vis une immense salle où se trouvent réunis, je crois, tous les instruments topographiques et physiques connus. Hier encore, du reste, dans toutes les rues de Tokio on voyait des élèves de l'école cheminer la planchette et l'alidade à la main, levant le plan des quartiers où ils passaient.

On me fait assister au travail à cheval de la section de cavalerie; les jeunes élèves, petits et vêtus de pantalons qui semblent sortir de chez Godillot, hideux en un mot, mais souples et agiles, sont très capables assurément de faire d'excellents cavaliers. Je doute, toutefois, qu'aucun d'eux devienne jamais général de cavalerie, le Japon ne possédant pas plus de deux escadrons. Que ferait un cavalier au Japon? il pourrait à peine suivre un traîneur de djinrikisha sur les routes; au milieu des rizières, il n'y penserait pas une seconde. Il est cependant question d'augmenter la cavalerie. Pourquoi?

Le livre du général de Brack est fort lu à l'école. Mes amis les Japonais me demandent toutefois avant de partir de consigner mes observations sur un certain registre qu'ils me présentent. Je n'hésite pas à leur faire une allusion à la dernière revue et à leur conseiller par écrit de soigner un peu leurs exercices de parade, afin de produire, sur le corps diplomatique et les étrangers présents à Tokio, une impression un peu plus digne d'eux et des instructeurs que la France leur a envoyés pendant plusieurs années. Je pars remercié avec effusion.

Je déjeune le lendemain chez Bougoin en compagnie de quelques officiers de cavalerie.

Le soir, bal chez le gouverneur de Tokio; un deuil récent dans la famille impériale d'Allemagne, annoncé aujourd'hui même par dépêche, empêche le corps diplomatique tout entier d'y assister, et la réunion se trouve réduite à une simple réception.

Un bal à la légation d'Allemagne est également contremandé.

Il y a foule cependant chez le gouverneur; quelques dames anglaises sont même venues de Yokohama. On ne voit guère toutefois dans les longs salons du gouverneur, bien disposés pour une réception mais toujours nus, que des Japonais en habit noir et des Japonaises en costume national. Ces réceptions sont, peut-être, la manifestation la plus saisissante du changement survenu dans les mœurs japonaises; et ces dames, assises en rang d'oignons contre les tapisseries, paraissent fort embarrassées du rang auquel les élève la civilisation européenne dans les réunions mondaines de ce genre. Il faut venir ici pour voir des Japonaises à l'air triste et ennuyé, et plus encore que jamais on regrette le vieux Japon qui ne connut que des femmes gaies.

Le buffet est fort encombré et il est impossible à ces dames, encore fort timides dans le monde, d'en approcher. Quelques Japonais, gens avancés ceux-ci, pensent cependant à elles; et on voit quelques-unes de ces dames, fort peu, mordre en riant et en faisant de petites grimaces très amusantes dans les glaces que quelques-uns de ces messieurs ont eu la gracieuseté de leur apporter. Celles-ci restent ensuite avec leurs soucoupes à la main, derrière les hommes qui ne s'occupent jamais de les débarrasser, en gens habitués qu'ils sont encore à se faire servir par les femmes et à leur laisser les restes. Force sera, je crois, à celles-ci d'emporter lesdites soucoupes, car je ne vois pas dans tout le palais, qui en fait de meubles ne contient que quelques sièges, en quel endroit elles pourraient les déposer. Je fais la connaissance, ce soir, du nouvel ambassadeur à Paris qui va partir prochainement.

Grand dîner chez sir Parkes à l'ambassade anglaise, où j'ai la chance de me trouver avec le prince Nabechima et la princesse, réputée avec juste titre dans le monde japonais et plus encore dans le monde diplomatique pour sa beauté et sa grâce. La princesse fut quelque temps ambassadrice à Rome et porte, avec un petit air d'enfant uni à une grâce consommée, une robe faite d'une magnifique étoffe japonaise, et digne des premières couturières de Paris. Il reste fort douteux, toutefois, qu'attifées avec nos modes, les Japonaises aux yeux bridés et trop petites arrivent fréquemment dans l'avenir à une semblable perfection.

La dernière maison française au Japon, celle de M. Lilienthal, vient de liquider.

Passé mes deux ou trois derniers jours à bibeloter en attendant le bateau de San-Francisco.

Les bibelots japonais anciens sont fort difficiles à trouver ; il n'y en a plus guère que dans les temples et, par ordre du gouvernement, ces trésors restent fermés à l'étranger; mais il s'en trouve tant de jolis modernes, qu'il est facile de se consoler avec ceux-ci. La fabrication de certains bibelots, notamment des ivoires, qui bien que tous modernes sont peut-être actuellement la plus intéressante révélation de l'art japonais, si vieux qu'ils puissent paraître. Ni Callot ni Teniers, les deux artistes dont se rapprochent le plus les artistes japonais modernes, qui lâchent l'ornementation ou le convenu pour le réel, on pourrait dire le difforme, n'ont jamais rien produit de mieux, et sont souvent surpassés par ces artistes. Ils sont indifférents à la beauté des formes ou du visage, et reproduisent souvent avec un rare bonheur une attitude grotesque, une difformité ou une grimace. La grâce, dont le type se résume dans une figure toujours très longue, ce qui dans la réalité est fort apprécié mais fort rare au Japon, reste presque exclusivement l'apanage du pinceau. Manié par une main légère, celui-ci place toujours la même femme avec le même bonheur, comme il le ferait d'une belle fleur, et les couleurs de son long kimono, tiré d'un seul trait, varient seules.

L'art pris dans le grand, c'est-à-dire dans l'architecture, qu'il s'applique à présenter des temples ou des palais, ne fait jamais que rapprocher des pavillons indépendants les uns des autres, comme on pourrait faire de jolis bibelots. Quelques-uns d'entre eux sont, en effet, des bibelots merveilleux et inimitables. Je ne rencontrai jamais un grand tout. Il est vrai qu'une architecture à grandes dimensions, toute de bois ne saurait durer qu'étant laquée. Peut-être craint-on en outre, ici, de faire tort au Fusuyama.

Je ne parlerai pas de l'adresse des Japonais dans la

confection des mille petits riens, de valeur ou non. Le Japonais confectionne, travaille et incruste la laque légère ou l'ivoire avec une perfection et un goût inimitables, bien connus et appréciés. Il est inutile de rien dire des porcelaines de Kaga, d'Arita et de Satzuma, bien connues en Europe. Je comprends peu pour ma part le prix que certains amateurs donnent en Europe à de vieux ou prétendus vieux satzumas ; les modernes sont au moins aussi beaux ; les moins beaux de ceux-ci sont identiques aux anciens et je reviens bien convaincu que la différence de l'un à l'autre n'existe que pour les gogos. J'ai vu des pièces modernes de Satzuma, M. Tricou en possède une entre autres, supérieure à tout ce qu'on peut se procurer d'ancien.

Les étoffes sont très inférieures à celles de Chine, l'or dans les broderies japonaises n'est que du papier, japonais il est vrai, mais du papier.

Quant au cloisonné japonais, on peut en juger par les bougeoirs à 1 fr. 50 qui se vendent à Paris et ils ne firent jamais avec le temps que perdre leurs tons déjà laids au début. On fait déjà bien mieux en France dans ce genre ; il est vrai que le prix de ces derniers est en rapport avec leur supériorité.

Mon départ étant proche, je me rends aux bureaux du Pacific mail où pour la somme de 1,600 à 1,800 francs on me délivre un billet de première classe pour Paris, avec facilité de suivre, tant en Amérique que sur mer, telle ligne qui me plairait : française, anglaise (par Liverpool) ou allemande, c'est-à-dire pour un parcours de plus de la moitié du tour du monde.

Presque toutes mes connaissances au Japon veulent

bien se réunir autour d'une table présidée par la duchesse de Persigny, toujours pleine d'entrain, et c'est gaiement au milieu d'une société presque exclusivement française que je fais mes adieux au joli Japon, semblable à une admirable fleur qui chaque jour, hélas! s'effeuille, mais où la vie facile et oisive doit devenir bien promptement monotone pour le voyageur.

Le lendemain, 26 janvier, je me rends avec Nilhoff et Colvin, jeune Anglais parti depuis deux ans pour faire le tour du monde, et dont j'avais déjà fait la connaissance à Rangoon, à bord du *City of Tokio*, du O. and O.

Un Français partit dernièrement emportant une douzaine de photographies de la mosumée de son choix, de celle par qui lui sourit ce gracieux paradis japonais. Il crut cependant pouvoir en laisser un exemplaire à son boy, qui lui avait demandé en souriant ce petit souvenir de lui, et, satisfait des services de chacun, il accueillit son désir.

Retour. — Après une traversée de vingt et un jours sans voir ni une voile ni une terre, après avoir vu pendant tout le temps se balancer au-dessus de ma tête vingt-quatre huiliers et deux cents petits verres de toutes dimensions, qui m'indiquaient la direction étonnante que tenait souvent la verticale par rapport à moi; après nous être seulement divertis par la prise d'un goéland qui vint s'abattre maladroitement dans un canot du bord et qui donna, une fois lâché sur le pont, des signes non équivoques d'un violent mal de mer, nous arrivâmes enfin dans la splendide baie de San-Francisco. Les déserts du Nouveau-Mexique et de l'Orizana sont rapidement traversés, et je rejoins enfin la ligne du « Nord Chicago » et rentre en France par la verte et plantureuse Normandie, coupée de si admirables petites vallées au fond desquelles les usines mêmes ont comme un air de fête malgré leurs panaches de fumée, et alors je me dis que La Normandie est bien le plus beau pays que j'aie vu depuis 16 mois.

FIN

TABLE DES MATIÈRES

CHAPITRE PREMIER

CHAPITRE II

CHAPITRE III

CHAPITRE IV

CHAPITRE V

CHAPITRE VI

Paris. — Typographie Georges Chamerot, 19, rue des Saints-Pères. — 19497.

www.ingramcontent.com/pod-product-compliance
Ingram Content Group UK Ltd.
Pitfield, Milton Keynes, MK11 3LW, UK
UKHW012012240726
13965UKWH00002B/312